KB043617

엘리's 테이블

bord för Aellie

엘리&헨케

R

Inledning

프롤로그

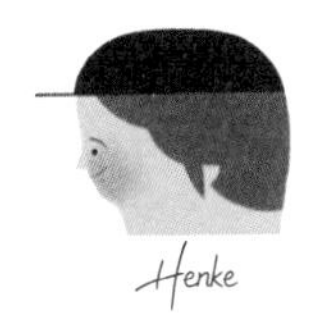

음식은 추억과 기억을 만드는 데 아주 중요한 역할을 합니다. 누구나 어린 시절의 그리운 음식과 향수를 불러일으키는 맛과 향에 대한 기억을 가지고 있을 것입니다. 친구 또는 가족들과 떠난 여행지의 로컬 식당에서 맛본 잊히지 않는 음식과 식재료도 있을 것입니다. 그중 일부 음식들은 우리의 기억 속에 남아 일상에 녹아들고, 어느 날 각자의 부엌에서 재창조되면서 우리 삶의 일부가 됩니다.
이 책에는 제가 부엌에서 자주 만드는 지극히 일상적인 요리들로 어린 시절 어머니께서 해주셨던 요리, 저와 엘리의 취향이 듬뿍 담긴 요리, 여러 여행지에서 아이디어를 얻어 만든 요리들을 담았습니다. 다양한 상황과 계절에 어울리는 음식들로 대부분 손쉽게 만들 수 있지만, 조금은 색다르고 영감을 줄 수 있는 요리로 다가갈 수 있기를 바랍니다.

저는 주로 아내 엘리를 위해 요리를 합니다. 우리는 음식에 대한 비슷한 입맛과 취향을 가지고 있고 새로운 음식에 대한 저항감이 없는 편이기에 요리하는 것이 수월합니다. 엘리가 접시를 깨끗하게 비우고 음식이 얼마나 맛있었는지에 대해 이야기할 때 행복을 느낍니다. 요리에는 사랑을 담아야 한다는 말처럼, 엘리가 고마움을 표할 때 그 사랑이 저에게 고스란히 돌아오는 것 같습니다. 또한 음식을 만드는 일이란, 명상을 하는 것과 비슷합니다. 머릿속 어지러운 생각들을 내려놓고, 눈앞의 재료들에 집중해 다듬고 썰고 굽거나 끓여 마지막엔 접시에 음식을 담아 식탁 위에 내놓는, 이 일련의 과정이 너무나 평온하게 느껴집니다. 비록 저는 숙련된 요리사는 아니지만 지난 수년간 다양한 음식과 식재료, 요리법에 큰 관심을 가져왔습니다. 비교적 일찍 독립해 스스로 요리를 해야 했던 환경적인 요인도 있었고, 최고의 성과를 내기 위해 누구보다 식단의 중요성을 잘 숙지해야 하는 스포츠 선수로서의 시간 그리고 코치로서의 경험에서 생긴 것이라 생각합니다.

자신이 먹는 음식에 대해 잘 아는 것, 좋은 재료를 사용하는 것, 건강하고 영양가 있는 음식을 요리하는 것, 무엇보다 맛 좋은 음식을 만드는 것은 어쩌면 행복해질 수 있는 가장 쉬운 방법의 하나일지도 모르겠습니다. 책 속의 레시피들이 새로운 추억을 만드는 재료가 될 수 있기를, 새로운 맛에 대한 경험이 될 수 있기를, 또는 처음 요리를 해보는 계기가 될 수 있기를 바랍니다. 혹은 책 속 가득한 엘리의 사랑스러운 일러스트 감상만으로도 매우 즐거울 것입니다 :)

프롤로그

제가 그린 그림에는 우리 주변에서 흔히 보고 접할 수 있는 일상의 풍경들과 사람, 동식물 등 평범한 모티브들이 주를 이룹니다. 당연하게 여겨지는 주변의 소소한 것들이 제 그림 속에서는 주인공이 되어, 보는 이들이 새로운 시각으로 자신의 일상을 다시 한번 되돌아볼 수 있는 계기가 되길 바라는 마음을 담고 있습니다. 이러한 그림 작업 방식은 헨케로부터 받는 영감이 큰 부분을 차지하였습니다.
자연 요소에서 사람의 웃는 얼굴을 찾아내거나, 땅콩 껍질을 채색해 부엉이 인형으로 만들거나, 양말을 작게 돌돌 말아 햄스터라고 하는 등, 반복되는 비슷한 일상에서 작은 재미와 행복을 끊임없이 발견해내는 헨케의 긍정적인 시각은 늘 저에게 영감을 주었고 이따금 큰 위로가 되기도 했습니다. 또한 매일매일 남편이 정성껏 요리해 주는 맛있는 음식들은 지난 7년간 일러스트레이터로 꾸준히 그림을 그려올 수 있었던 힘이 되기에 충분했습니다. 종종 밥심으로 하루하루를 살아가고 있다는 느낌이 들기도 했으니까요.

그림이든 요리든 우리가 하는 모든 일은 꾸준히 시간과 정성을 들이면 나만의 고유한 힘을 가지게 된다고 믿습니다. 어쩌면 헨케가 매일 정성으로 만들어준 따뜻한 요리들을 이렇게 책으로 엮을 수 있게 된 것도 그러한 힘이 영향을 미친 것일지도 모르겠습니다. 제 그림을 좋아해 주는 분들께 책 속 가득 채운 저의 그림과 혼자만 알기에는 아쉬웠던, 제 그림의 원천이 되어준 정성스러운 요리를 함께 소개할 수 있게 되어 너무나 뜻깊고 기쁜 마음입니다.

책 속의 레시피들이 여러분들의 일상에 작은 활기를 가져다줄 수 있기를, 또 저희 부부의 소소한 삶의 이야기들이 잠시나마 마음의 휴식이 될 수 있기를 진심으로 기원합니다.

스웨덴의 작은 부엌에서,
엘리와 헨케로부터.

Liquid
Savon
Olives

Innehåll

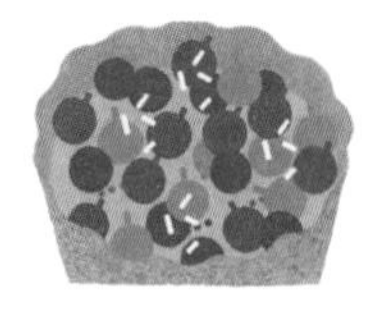

Vardag

| 일상 |

picknick

| 피크닉 |

Vinter

| 겨울 |

Regndag

| 비오는 날 |

목차

Upptagen dag

| 바쁜 날 |

Fredag Helgdag

| 금요일 |

Vardag

| 일상

이케아 푸드 코너에서 미트볼을 본 적이 있나요?
만들기도 간편하고 무엇보다 정말 맛있는 미트볼은
스웨덴을 대표하는 음식 중 가장 먼저 떠오르는 국민 요리입니다.

어린 시절, 어머니가 만들어준 음식 중 미트볼을 가장 좋아했습니다.
갓 구운 미트볼과 포슬포슬한 매시 포테이토에 새콤달콤한
링곤베리 잼을 곁들여 맛있게 먹은 기억이 가득합니다.

#01

미트볼&링곤베리 잼

Köttbullar med potatismos och lingonsylt

어린 시절 좋아했던 어머니의 미트볼 레시피

Lingon Sylt

가을이 되면 숲 곳곳에 링곤베리가 자라납니다. 한국에서는 '월귤'이라고 하는 링곤베리는 크랜베리와 비슷한 시큼한 맛을 가지고 있습니다. 잼으로 만들면 새콤달콤한 맛이 고기류 음식과 아주 잘 어우러집니다. 그래서 스웨덴의 식사 시간에는 링곤베리 잼이 자주 등장합니다. 엘리와 함께 매년 숲에서 링곤베리를 직접 수확하여 1년 동안 먹을 잼을 가득 만들어 가족들과 주변 지인들에게 나눠주곤 합니다. 한국에서는 이케아 매장 혹은 인터넷으로 구매 가능합니다.

◆INGREDIENTS◆

40개분 | 조리시간 15분

〈 미트볼 〉
믹스 다진 고기 500g
빵가루 3큰술
우유 1dl
양파 1/2알
계란 1알
소금 1작은술
후추 1ml
설탕 0.5작은술
감자전분 1큰술

〈 매시포테이토 〉
감자 600g
우유 약 2dl
버터 1큰술
소금
후추

◆DIRECTIONS◆

미트볼 | swedish meatballs

01 우유에 빵가루를 섞고 10분 정도 둡니다.

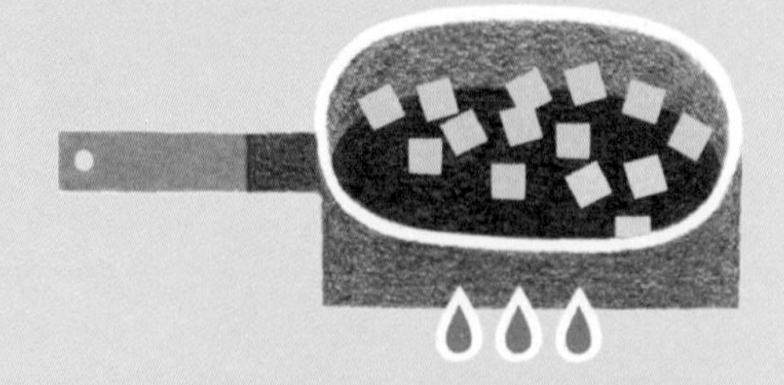

02 양파를 잘게 썰어 프라이팬에서 노릇하게 구워주세요.

03 우유와 빵가루를 섞어둔 용기에 구운 양파, 소금, 후추, 설탕을 넣고 섞어주세요.

04 같은 용기에 계란과 감자 전분을 넣어 섞다가, 고기를 넣고 섞습니다.

05 손에 물을 묻힌 상태에서 고기 믹스를 탁구공 정도 크기의 공 모양을 만들어주세요.

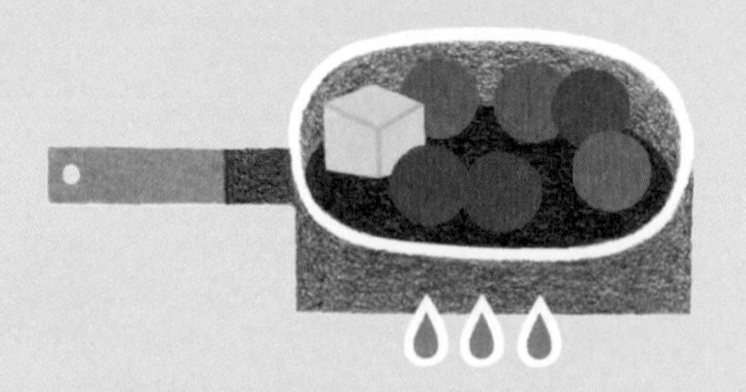

06 프라이팬에 오일과 버터를 두르고 중간 불에서 6~7분 정도 굽습니다. 중간중간 프라이팬을 흔들어서 미트볼이 공 모양을 유지할 수 있도록 해주세요.

mashed potato | 매시포테이토

01 감자 껍질을 벗기고 조각으로 잘라주세요. 이때 조각들의 크기를 동일하게 자릅니다. 조각으로 자르면 삶는 시간을 단축할 수 있어요.

02 냄비에 물을 붓고 소금을 조금 더한 뒤 감자를 넣고 15분가량 삶아주세요. (물 1L 기준 소금 1작은술)

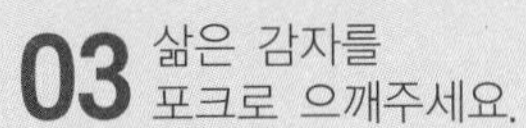

03 삶은 감자를 포크로 으깨주세요.

04 믹서기로 휘저어주세요. 우유를 조금씩 부어가며 제형이 너무 묽어지지 않도록 합니다. 휘핑크림처럼 부풀어 오를 때까지 휘저어주고 소금과 후추로 간을 해주세요. 우유에 버터를 넣고 전자레인지에서 조금 덥혀 휘핑해주면, 따뜻한 매시포테이토를 즐길 수 있어요.

한국에서 엘리에게 처음으로 만들어 주었던 스웨덴 요리입니다.
보통 스웨덴 음식 재료를 한국에서 찾기가 어려운 데 피티판나는
재료 선택이 까다롭지 않아 한국에서도 충분히 요리할 수 있습니다.
한국에서 냉장고에 야채 등이 애매하게 남아있을 때 볶음밥 혹은 비빔밥을
만드는 것처럼 스웨덴에서는 보통 남아있는 재료들로 피티판나를 만듭니다.
그때그때 남는 재료를 사용해서 만들기 때문에 만들 때마다
맛이 조금씩 달라지기도 하는데, 가끔은 일부러 신선한 재료들을
사서 요리하기도 합니다.

#02

피티판나
pyttipanna

한국에서도 간편하게 즐길 수 있는 스웨덴의 볶음밥

◆INGREDIENTS◆

2인분 | 조리시간 30분

감자 500g
양파 1알
안심 120g
햄 50g(마늘 햄)
소시지 6개(비엔나소시지)
소금
후추
오일
버터
우스터 소스(선택사항)

〈 토핑 〉
파슬리 가루(선택사항)

tip!

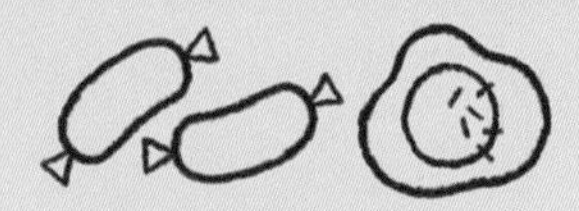

육류 재료는 취향에 따라
자유롭게 선택하세요.
참고로 저는 전날 요리하고
고기가 애매하게 남아있을 때,
자주 피티판나를 요리합니다.
계란프라이, 피클을 곁들여 먹으면
더욱더 맛있어요.

01 감자 껍질을 벗기고 가로세로 1cm 깍둑썰기합니다. 감자는 찬물로 전분을 씻어낸 뒤 물기가 충분히 빠질 때까지 채에 담아두세요.

02 양파 껍질을 벗기고 잘게 썰어주세요.

03 고기와 소시지 그리고 햄을 깍둑썰기합니다. 감자 크기보다 조금 더 작게 썰어주세요.

◆DIRECTIONS◆

피티판나 | pyttipanna

04 프라이팬에 오일을 두르고 중간 불에서 양파를 볶다가 살짝 투명해지면 용기에 옮겨 담아주세요.

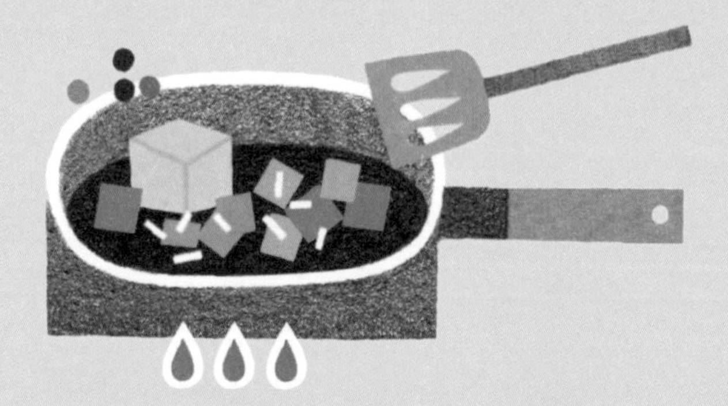

05 프라이팬에 버터와 오일을 두르고 고기와 소시지, 햄을 볶습니다. 소금과 후추로 간을 해주고 골고루 볶아지면 양파가 담긴 용기에 함께 담아주세요.

06 프라이팬에 버터와 오일을 두르고 감자가 노릇노릇하고 부드러워질 때까지 볶아주세요. 소금과 후추로 간을 합니다.

07 용기에 담아둔 양파, 고기,
소시지 그리고 햄을
프라이팬에 다시 옮겨
우스터소스를 가미해
조금 더 볶아 주다가
파슬리 가루를 뿌려주세요.

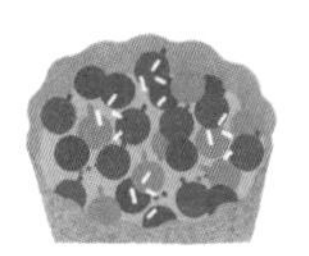

매년 7월과 8월 사이, 엘리와 함께 튼튼한 신발을 신고 숲으로 갑니다.
숲 한가득 열린 블루베리와 링곤베리를 수확하기 위해서입니다.
한낮의 뜨거운 햇빛을 피해 해가 질 때쯤 숲에 가서 내년 여름까지 두고두고
먹을 수 있을 만큼의 블루베리를 수확해옵니다. 갓 수확한 싱싱한 블루베리로 잼을
만들기도 하고 스무디, 블루베리 파이 등을 만듭니다. 직접 수확한 블루베리로
구운 파이에 달콤한 생크림을 곁들여 먹으면, 일상 속 작은 사치를 누릴 수 있습니다.

#03

블루베리 파이
Blåbärspaj

신선한 블루베리와 달콤한 생크림으로 누리는 일상 속 작은 사치

◆INGREDIENTS◆

4~6인분 | 조리시간 90분

〈 도우 〉
밀가루 180g
냉장 보관 버터 125g
설탕 2큰술
차가운 물 1~2큰술
계란 노른자 1
계란 흰자 1

〈 필링 〉
블루베리 500g
설탕 40g
전분 2큰술
레몬즙 2작은술

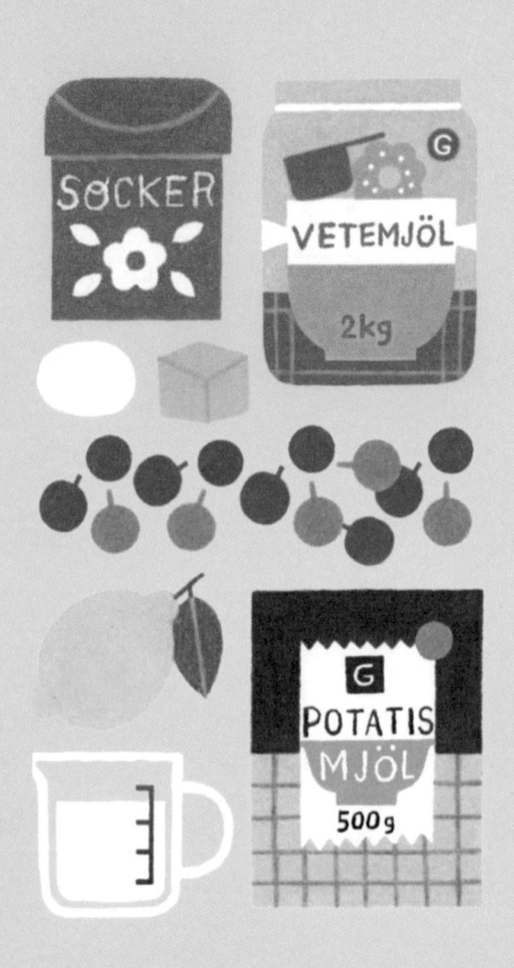

01 계란 흰자와 노른자를 분리해주세요.

02 잘게 자른 버터와 설탕, 밀가루, 계란 노른자를 섞어주세요. 손 혹은 반죽 기계를 사용해 재료들이 작은 덩어리가 되도록 반죽하다가 물을 조금씩 넣어가며 마지막에는 하나의 반죽 덩어리가 되도록 합니다.

03 반죽을 비닐봉지에 넣고 냉장고에서 30분간 휴지시킵니다.

오븐은 200도로 예열해주세요.

◆DIRECTIONS◆

블루베리 파이 | blueberry pie

04 그릇에 블루베리를
담고 설탕과 전분,
레몬주스와 섞어주세요.

05 지름 24~26cm 정도의
파이 접시에 반죽을 얇게 폅니다.
(약 3mm 정도)
파이 접시의 가장자리까지
꼼꼼하게 반죽을 펴주세요.

06 포크로 반죽에
구멍을 여러 곳
내준 뒤 오븐
중앙에서
약 10분가량
구워주세요.

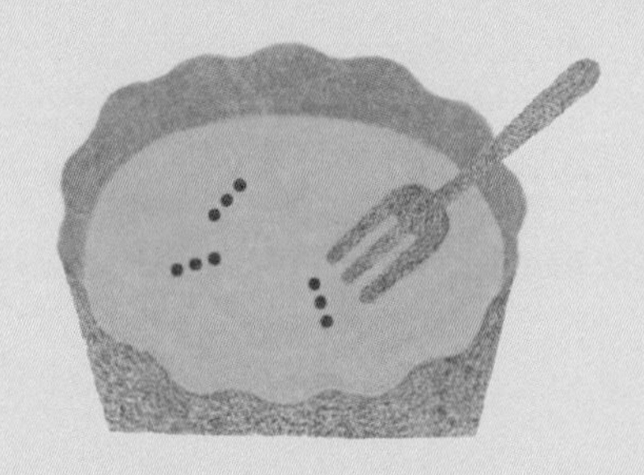

07 도우를 꺼내 계란 흰자를 펴 발라준 뒤 다시 오븐에 넣어 2분가량 더 구워주세요.

계란 흰자는 블루베리의 수분이 파이에 지나치게 흡수되어 파이가 부서지지 않도록 해줍니다.

08 도우를 꺼내 준비해둔 블루베리 필링을 붓고 높이를 평평하게 만든 뒤 다시 오븐에서 노릇해질 때까지 30~35분 동안 구워주세요.

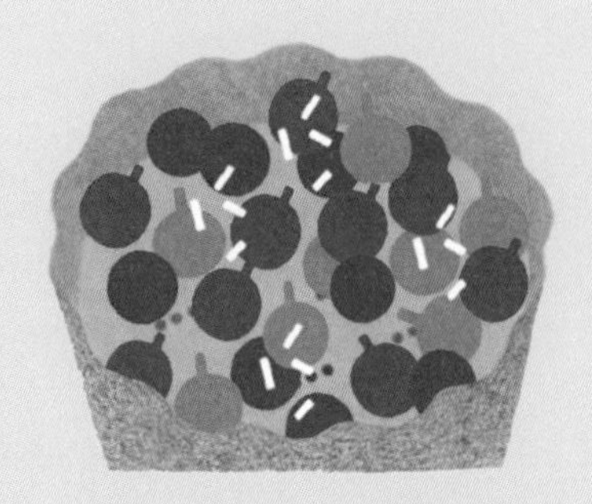

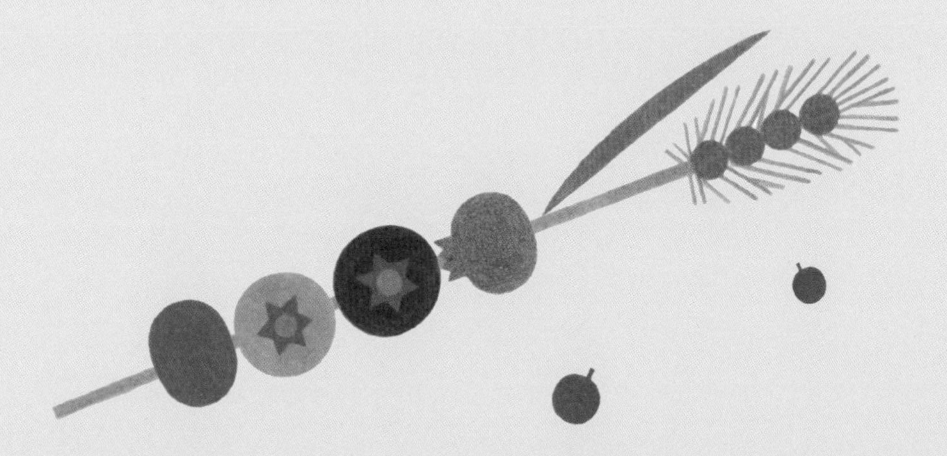

남자와 부엌
[Mannen i köket]

스웨덴에서는 가정에서 남자가 요리를 담당하는 경우를 흔하게 볼 수 있습니다. 물론 반대인 경우도 있고, 부부가 함께 요리하는 집도 있지요. 저와 친구들은 고등학교를 졸업함과 동시에 부모님으로부터 독립했습니다. 이는 스웨덴에서는 보편적이고 자연스러운 문화이기도 합니다. 고등학교를 갓 졸업해 경제적으로 여유가 없는 학생들은 값비싼 외식보다는 저렴한 음식 재료로 직접 요리하는 것이 일상이 되고 자연스럽게 다양한 요리법을 익혀나가게 됩니다. 물론 그중에는 마카로니에 케첩을 뿌려 간단하게 끼니를 때우거나 인스턴트 면류를 즐겨 먹는 사람들도 있습니다. 이 과정에서 자신이 요리하는 것을 즐기고 좋아하는 편인지 스스로에 대해 더 잘 알아가게 됩니다.

> "이러한 문화적 배경으로 스웨덴의 가정집에서는 성별과 관계없이 단순히 요리하는 것을 좋아하는 사람이 요리를 담당하게 됩니다."

자연스럽게 요리하는 것이 즐거운 제가 가족의 식사를 담당하게 되었습니다. 요리보다는 다른 일에 더 즐거움을 느끼는 엘리는 뒷정리와 설거지를 담당하게 되었지요.

adidas
VETEMJÖL
SOCKER
POTATIS

시간이 멈춘 부엌
[Tidlösa kök]

스웨덴의 일반 가정집 부엌에서는 새것과 옛것이 조화롭게 섞여 있는 것을 자주 볼 수 있습니다. 옛것으로 보이는 것들은 대부분 선대 가족으로부터 물려받은 것이지요. 물건을 소중히 다루고 오래 보관하는 생활양식을 가진 스웨덴 사람들이 만들어낸 따스한 부엌 풍경입니다.

> "부엌에는 돌아가신 저의 외할머니와 어머니 그리고 저, 3대의 시간이 모두 머물러있습니다. 손이 가장 자주 닿는 선반에 놓여있는 매일 같이 사용하는 하얀색 접시들은 제가 10대 시절 부모님이 크리스마스 선물로 준, 지금은 생산이 중단된 로열 코펜하겐 접시들입니다. 30년이 지난 오늘날까지 유용하게 사용되는 접시들을 보면, 당시 부모님의 혜안이 느껴집니다."

또 손재주가 좋았던 외할머니는 직접 배틀로 짜서 만든 부엌 타월에 가족의 성 이니셜을 수놓았는데, 이 타월은 외할머니가 돌아가시면서 어머니에게 물려주었고 어머니는 물려받은 타월 중 일부를 보관해두었다가 제가 성인이 되었을 때 물려주었습니다. 그 외에도 조미료 통과 조리도구 등 저보다 오랜 세월을 살아온 물건들이 부엌 곳곳을 가득히 채우고 있습니다.

◆ 스웨덴 가정집에서 흔하게 볼 수 있는 가구 브랜드 'String'의 선반. 대부분 식탁 부근에 이 스트링 선반을 설치해두고 조미료 혹은 자주 쓰는 머그, 티 등을 올려둡니다. 스트링은 아직 생산되고 있기 때문에 새 제품 구매가 가능하지만 조부모님 혹은 부모님께 물려받아 사용하는 경우가 많습니다. ◆◆ 외할머니와 어머니가 살아생전 수기로 작성해서 만든 레시피 노트들. 이 책의 미트볼 레시피도 이곳에 적혀있습니다. ◆◆◆ 유아기 때 핫초코를 담아 마시던 머그잔, 지금은 엘리가 이 머그잔에 핫초코를 마시곤 합니다.

Fin
salt

kakor
Mormors Sommarkringlor
40 st.
5 dl vetemjöl
1/2 tsk hjorthornsalt
150 g margarin

스웨덴 아침식사
[Svensk frukost]

스웨덴에서는 아침 식사 때 삶은 달걀을 자주 먹습니다.

덩치가 커다란 스웨덴 사람들이 아주 작은 계란 컵에 삶은 달걀을 올려두고 달걀의 윗부분 껍질을 조심스럽게 벗겨낸 뒤 티스푼으로 달걀 속을 파먹는 귀엽고 어색한 풍경이 아침마다 펼쳐집니다.

스웨덴의 식기점에서는 다양한 디자인과 모양의 계란 컵을 판매하고 있고 삶은 달걀의 온기를 유지해줄 작은 모자도 함께 팔고 있습니다.

FRUKOST

KALLES
ORIGINAL
APELSIN
JUICE
300ML

picknick

2000년대 초반 미국에서 처음 접한 이래로 '페이보릿 샐러드'가
되었습니다. 그 후로 수없이 많은 레스토랑에서 먹어보았지만,
항상 만족스럽지는 않았습니다. 그래서 직접 집에서 만들기 시작하였고,
마침내 입맛에 꼭 맞는 맛있는 레시피를 완성할 수 있었습니다.
담백하고 맛있는 시저샐러드를 따라 해보세요!

#04

시저샐러드
Caesar salad

입맛에 꼬옥 맞는 나만의 페이보릿 샐러드 레시피

◆INGREDIENTS◆

4인분 | 조리시간 30분

로메인 샐러드 1통
닭가슴살 1덩어리
베이컨 50g
식빵 1장
오일

〈 드레싱 〉
마늘 1쪽
작은 안초비 1마리
레몬주스 1큰술
디존 머스터드 0.5작은술
우스터소스 0.5작은술
마요네즈 1dl
그라나 파다노 4큰술
(혹은 파르메산/페코리노)
소금
후추

tip!

피크닉용으로 만들 때는 모든 준비한 재료를 각각 따로 보관 후 먹기 직전에 섞어줍니다.

01 식빵 한 장을 작은 네모 모양으로
썰어준 뒤 프라이팬에 오일을 두르고
바삭하게 구워주세요.
다 구운 빵 조각들은
키친 페이퍼에 옮겨 담고 식힙니다.

02 닭가슴살 덩어리를 사 등분 합니다.
소금과 후추로 간을 한 후
중간 불에서 속까지 익을 때까지
구워주세요. 구워진 닭가슴살은
접시에 옮겨 담아 식힙니다.

03 베이컨을 잘게 자른 뒤
프라이팬에서 바삭하게 튀겨주세요.
키친 페이퍼에 옮겨 담고 식힙니다.

04 안초비를 잘게 썰어 나머지 드레싱 재료들과 잘 섞어준 뒤 냉장고에 보관합니다.

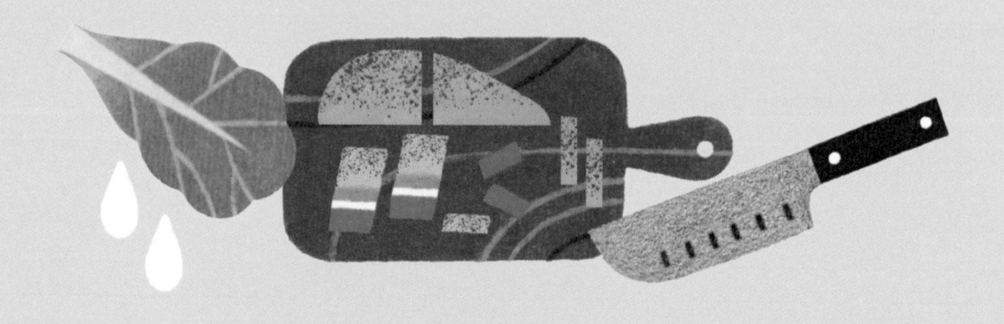

05 프라이팬에 버터와 오일을 두르고 고기와 소시지, 햄을 볶아주세요.
소금과 후추로 간을 하고 골고루 볶은 후, 양파가 담긴 용기에 함께 담습니다.

caesar salad | 시저 샐러드

06 대접에 로메인 샐러드,
드레싱, 닭가슴살을
잘 섞어주세요.
치즈 가루, 베이컨과
빵 조각 순으로
플레이팅 합니다.

언젠가 누나집에 저녁 초대를 받아서 처음 맛보게 된 디저트입니다.
그 달콤한 맛에 반해 집에서도 자주 만들게 되었습니다. 주로 집에 많은
친구를 초대했을 때 만듭니다. 그래서 친구들이 오기 하루 이틀 전에는
온 집안이 머랭 굽는 달콤한 냄새로 가득 찹니다. 바삭하고 가벼운 식감의
머랭에 부드러운 생크림과 새콤달콤한 과일의 조합은 정말 환상적입니다.
계절 과일을 사용해서 다양한 맛을 즐겨보세요!

#05

파블로바
pavlova

달콤한 머랭과 새콤달콤한 과일의 환상적인 조합

◆INGREDIENTS◆

8인분 | 조리시간 180분

〈 머랭 〉
계란 흰자 4
소금 0.5ml
설탕 2.5dl
옥수수 전분 1큰술
바닐라 슈거 2작은술
화이트 와인 식초 1작은술

〈 토핑 〉
생크림 2dl
딸기
산딸기
블루베리
바나나
귤
키위
복숭아

tip!

머랭은 며칠 전에 미리
구워두는 것이 가능합니다.
또한 완성 후 밤새 냉장고에
보관할 수도 있습니다.
냉장 보관 후에는
머랭이 부드러워지지만,
바삭한 머랭 못지않은
색다른 맛을 즐길 수 있습니다

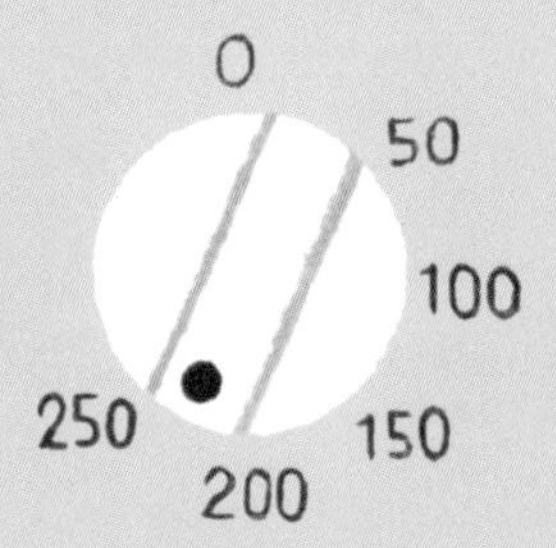

01 오븐을 상하 가열 모드에서
225℃로 예열합니다.
(컨벡션 모드 200℃)

02 계란 흰자와 소금을 휘핑합니다.
거품이 올라오기 시작하면
설탕을 조금씩 부어주며 계속
휘핑해주세요.
옥수수 전분, 바닐라슈거,
식초를 넣고 거품기 속도를
올려 휘핑합니다.

03 믹스 볼을 뒤집었을 때
머랭이 흘러내리지
않으면 완성입니다.

04 시트를 깐 오븐 팬에 머랭을
넓게 펴 바르고(약 2~3cm)
오븐 하단에 놓습니다.
그리고 오븐 온도를 125℃로
낮춥니다.(컨벡션 모드 115℃)

가족 그리고 친구들과 함께하는 여름 피크닉
혹은 파티에 최적화된 드링크입니다. 손쉽게 만들 수 있는데
반해 먹음직스러운 과일이 가득 들어가 고급스러운 느낌이 나기에
손님 대접하기에도 좋고, 알코올 향이 너무 강하지 않으면서
얼음을 넣어 시원하게 마실 수 있어서 여름밤에 마시기에
더할 나위 없는 드링크입니다.

#06

상그리아
Sangria

약간의 알코올과 새콤달콤한 과일로 무르익는 여름밤

◆INGREDIENTS◆

6컵분 | 조리시간 30분

드라이 레드 와인 1병(750ml)
오렌지 주스 1dl
설탕 1큰술
레몬 1알
오렌지 1알
사과 1알
스프라이트, 7up, 판타 중 택 1
얼음

tip!

알코올 향을 조금 더하고 싶다면
브랜디 혹은 럼주를 더해주세요.
와인은 레드, 화이트 상관없이
자유롭게 선택해도 좋지만,
가능하다면 쓴맛을 내는
타닌 성분이 낮은
스페인산 'Tempranillo' 혹은
'Garnacha'를 추천합니다.

01 과일을 깨끗이 씻고
먹기 좋은 크기로
썰어주세요.

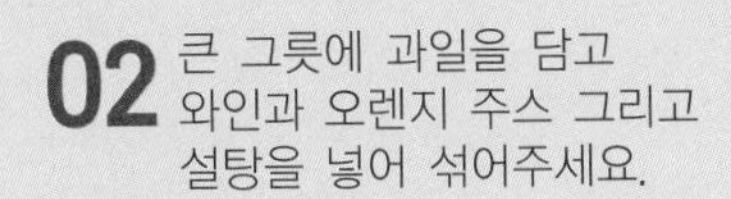

02 큰 그릇에 과일을 담고
와인과 오렌지 주스 그리고
설탕을 넣어 섞어주세요.

03 상그리아는 만들어서
바로 마셔도 맛있지만,
냉장고에서 몇 시간 정도
보관 후 마시면 더욱 풍미
좋게 마실 수 있습니다.

04 냉장고에서 상그리아를
꺼내 얼음, 탄산음료 순으로
섞어 주세요.

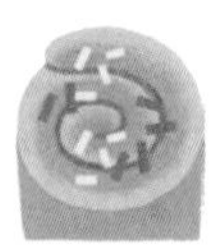

비교적 손쉽게 만들 수 있는 스낵으로, 따뜻하게
먹어도 맛있고, 차갑게 먹어도 맛있습니다.
한번 만들 때 다량으로 만들어 냉동실에 얼려두었다가
먹기 30분쯤 전에 꺼내두면 맛있게 즐길 수 있습니다.
저와 엘리는 종종 숲과 호수로 피크닉을 떠날 때마다
이 피자롤 몇 개와 커피 혹은 음료를 챙겨가곤 합니다.
주말에 피자롤을 구워 공원으로 피크닉은 어떨까요?

#07

피자롤
pizzabullar

주말 피크닉을 책임질 간단하고 맛있는 스낵

◆INGREDIENTS◆

약 20개분 | 조리시간 90분

〈 도우 〉
이스트 가루 4g /생 이스트 12.5g
물 125g
올리브오일 0.5큰술
설탕 0.5작은술
소금 1작은술
계란 1알
밀가루 270~300g

〈 필링 〉
토마토소스 1.5dl
간 치즈 100g
햄 100g

〈 토핑 〉
간 치즈
(페코리노/파르메산/그라나파다노)
드라이 오레가노
올리브오일

tip!

냉장 보관 후 차갑게
먹어도 맛있어요!

01 물에 이스트와 오일을 넣고 잘 섞은 후 5분 정도 둡니다.

그리고 설탕, 소금, 계란 그리고 덧가루로 쓸 밀가루만 남기고 모두 부어주세요.

반죽을 치대다가 거즈를 덮고 30분 정도 1차 발효시킵니다.

02 남겨둔 밀가루를 조리대에 뿌리고 대략 30x40cm 크기의 직사각형으로 반죽을 펴주세요.

03 토마토소스를 펴서 발라주고 간 치즈와 햄을 골고루 뿌려줍니다.

◆DIRECTIONS◆

피자롤 | pizza rolls

04 반죽을 끝에서부터 돌돌 말아준 뒤 2cm 간격으로 잘라주세요.

05 머핀 컵 혹은 머핀 틀에 팬닝 후 거즈를 덮은 뒤 30분 정도 2차 발효시킵니다.

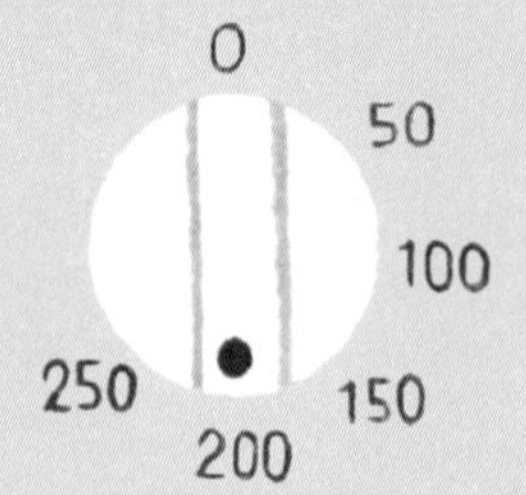

06 오븐을 225℃로 예열합니다. (컨벡션 모드 200℃)

07 올리브오일을 반죽마다
골고루 발라준 뒤
굵게 간 치즈 가루와
오레가노 가루를 뿌립니다.

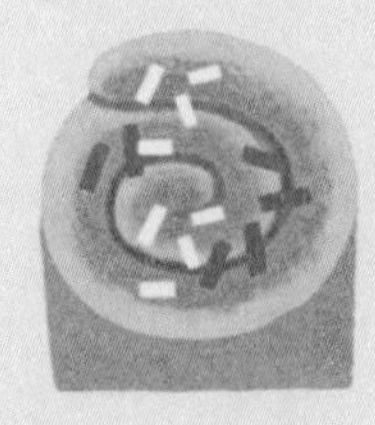
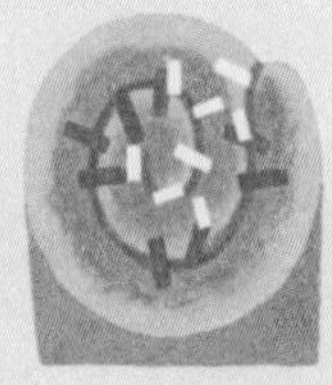
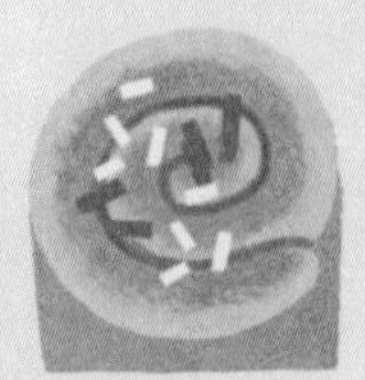

08 오븐 중앙에서 노릇노릇한
갈색이 될 때까지
10~15분간 구워주세요.

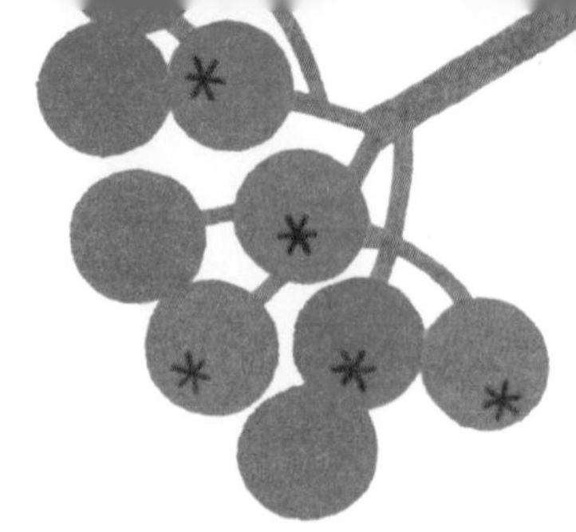

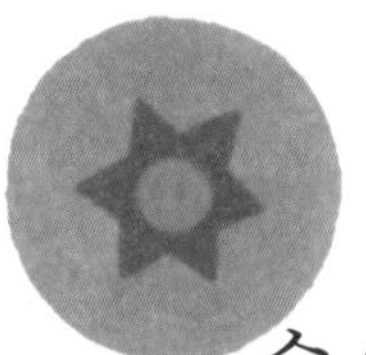

숲으로
[I skogen]

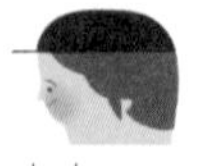

저와 엘리는 자연이 풍부한 곳에 살고 있습니다. 느긋하게 휴식을 취하고 싶거나 기분전환이 필요할 때면 자주 숲으로 떠나곤 합니다. 고요한 숲속에 들어서면 들리는 것은 온통 새들의 지저귀는 소리와 나뭇잎 사이사이로 휘파람을 부는 바람의 소리뿐입니다.

> "숲에서는 머릿속 생각마저 소리가 되어 들려오는 것 같습니다. 발길 닿는 대로 숲속을 거닐다 보면 특별한 간식을 발견하곤 합니다. 버섯과 각종 열매 식용 꽃과 잎 등 숲은 마치 대형 식료품 창고 같기도 합니다. 꽃을 좋아하는 엘리는 종종 들꽃으로 작은 부케를 만들곤 합니다."

스웨덴에는 '공공 접근권(Right of Public Access)'이라는 것이 있습니다. 이는 모든 사람이 자연 속을 자유롭게 거닐 수 있고, 보호하도록 지정된 식물 이외의 꽃과 버섯, 블루베리와 산딸기 등 자연 속 모든 것을 얼마든지 취할 수 있음을 뜻합니다. 즉 자연을 소중히 여기는 마음만 갖춘다면, 누구든지 자연을 마음껏 누릴 수 있는 권리입니다.

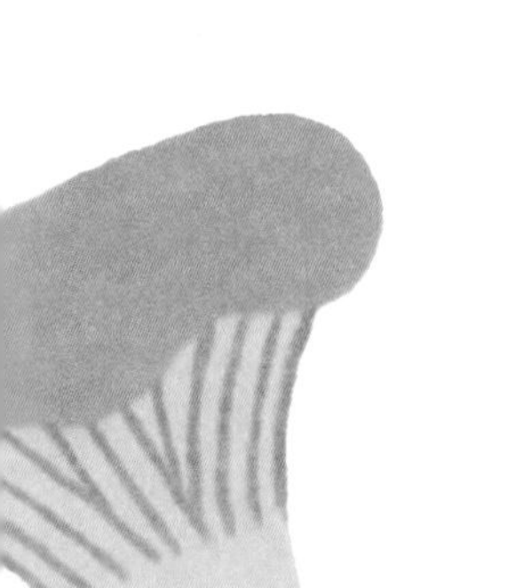

◆ 봄에는 사람의 발길이 잘 닿지 않는 들판에서 꺾은 민들레로 차를 만들어 마시곤 합니다. 깨끗이 씻어서 햇빛에 바짝 말린 후 곱게 빻아 따뜻한 차로 마시면 담백하면서 구수한 민들레차로 봄을 맞이할 수 있습니다. ◆◆ 매년 7월이면 동네 곳곳에서 엘더플라워가 가득 피어납니다. 엘더플라워와 레몬즙, 설탕과 뜨거운 물로 진액을 만들어 여름 내내 시원하게 즐길 수 있습니다. 북유럽 국가의 슈퍼 혹은 편의점 물 코너에서는 이 엘더플라워 향이 첨가된 물을 쉽게 찾아볼 수 있습니다. ◆◆◆ 고소한 맛이 일품인 선명한 노란색의 칸타렐 버섯은 일반 슈퍼에서 사려면 그 값이 꽤 비싸기 때문에, 숲속 보물이라고 일컬어지기도 합니다. 칸타렐 버섯은 자신의 높은 몸값을 아는 것처럼 바위 밑이나 덤불 아래 등 눈에 잘 띄지 않는 장소에서 자라나기 때문에, 스웨덴 사람들은 칸타렐이 자라는 장소를 발견하면 자신만의 작은 비밀로 간직합니다. 칸타렐 버섯은 구워서 그대로 먹거나 파스타 소스로 만들거나 빵 위에 올려 먹는 등 다양한 요리법이 있습니다.

◆

(59p) 스웨덴의 숲에는 정말 많은 블루베리와 산딸기가 자라납니다. 날을 잡고 블루베리를 한가득 수확하러 갈 때도 있지만, 산책길에는 강아지풀에 블루베리와 산딸기를 꾀어 먹으며 걷곤 합니다.

◆◆

◆◆◆

SKATTER
I NATUREN

| 겨울

Vinter

찬 바람이 부는 가을과 겨울이면 자주 생각나는 따끈한 수프입니다.
헝가리에서 유래되었지만, 유럽 곳곳에서 쉽게 접할 수 있습니다.
체코 여행 때 처음 맛보게 되었는데, 그릇 대신 동그란 빵 속에 김이 모락모락 나는
수프가 담겨 나오는 것이 굉장히 인상적이었습니다. 집에서 만들 때는
빵 그릇 대신 일반 그릇에 수프를 담고 대신 빵 혹은 밥을 곁들여 먹습니다.
완성되기까지 꽤 오랜 시간이 걸리지만, 그 과정은 결코 복잡하지 않습니다.
고기가 부드러워지고 모든 재료가 골고루 익기만 하면 되니까요.

#08

굴라시 수프
Gulaschsoppa

찬 바람이 부는 가을과 겨울이면 생각나는 부드러운 수프

◆INGREDIENTS◆

4인분 / 조리시간 180분

〈 굴라시수프 〉
소고기 목심 600g
양파 2알
마늘 4쪽
토마토 페이스트 1큰술
캐러웨이 시드 1작은술
다진 토마토 1dl
소고기 육수 5dl
소고기 다시다 1큰술
파프리카 분말 2큰술
월계수 잎 3장
말린 페페론치노 1개
소금 1작은술
후추 1ml
파프리카 1/2개
감자 250g
당근 100g

tip!

밥 혹은 빵과 함께하면
든든한 한 끼가 된답니다.

goulash soup | 굴라시 수프

01 양파 껍질을 벗기고 썰어주세요. 마늘은 잘게 다지고 캐러웨이 시드는 사발에 빻아주세요.

02 고기를 4cm x 4cm 크기의 사각형으로 썰어준 뒤 무쇠 냄비에 오일과 버터를 두르고 고기가 갈색으로 변할 때까지 볶습니다. 볶은 고기는 용기에 옮겨 담아주세요.

03 냄비에 양파와 마늘을 넣고 부드러워질 때까지 볶은 다음 고기, 파프리카 분말, 캐러웨이 시드 가루, 토마토 페이스트를 넣고 조금 더 볶아주세요.

goulash soup | 굴라시 수프

04 소고기 육수를 붓고 다시다,
다진 토마토, 월계수 잎,
페페론치노 가루,
소금과 후추를 더합니다.
불을 낮추고 뚜껑을 덮고
고기가 부드러워질 때까지
약 2시간 정도 끓여주세요.

05 수프가 끓을 동안 감자와
당근 껍질을 벗기고
먹기 좋은 크기로 자릅니다.
파프리카도 비슷한 크기로
썰어주세요.

06 썬 야채들을 냄비에
넣고 뚜껑을 덮은
상태로 20~30분 정도
더 끓여주세요.

MAT FÖR AELLIE

비가 내리고 춥고 어두워지기 시작하는 가을. 외출 후 집으로 돌아와
마시는 차 한 잔의 진가가 새삼 느껴지는 계절입니다. 작은 컵에 담긴
차 한 잔에 얼어붙은 몸은 녹아내리고 다시 하루를 이어나갈 힘을 얻으니까요.
레몬 진저 티는 저와 엘리가 추운 계절에 즐겨 만들어 마시는 차입니다.
첫 한 모금에서부터 온몸에 레몬과 생강 그리고 꿀의 영양소와 에너지와 함께
따뜻함이 온몸에 퍼지는 것이 느껴질 거예요.

#09

레몬 진저 티

Citron och ingefärste

차가운 계절 얼어붙은 몸을 녹여주는 따뜻한 차 한잔

◆INGREDIENTS◆

2컵분 | 조리시간 10분

〈 레몬 진저 티 〉
물 6dl
생강 1조각
레몬 1알
꿀

tip!

여름에는 차를 만들어 냉장 보관 후 얼음을 넣어 시원하게 마셔도 맛있어요.

01 물을 끓여 포트에 붓습니다.

02 잘게 간 생각과 레몬즙,
그리고 꿀로 당도를 조절합니다.

03 생강과 레몬을 얇게 썰어 넣고
컵에 따라 마십니다.

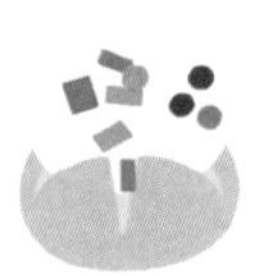

한국 사람들이 주식으로 쌀밥을 먹는다면,
스웨덴에서는 식사 때 감자를 즐겨 먹습니다.
스웨덴에는 쌀 농장이 없기 때문에 감자는
스웨덴 사람들에게 아주 중요한 음식입니다.
감자 요리법은 셀 수 없이 많지만 그중 가장 손쉬운 방법 중
하나가 오븐에 굽는 것입니다. 맛도 영양도 완벽한
오븐구이 감자를 점심 또는 간식으로 먹어보세요.

#10

오븐 구이 감자
Bakad potatis

스웨덴의 주식 감자로 만드는 완벽한 점심 메뉴

◆INGREDIENTS◆

2인분 | 조리시간 90분

큰 감자 2알

〈 베이컨 믹스 〉
베이컨 140g
적 양파 1/2개
플레인 요거트 / 사워크림 2dl
필라델피아 크림치즈 2큰술
마늘 2쪽
토마토 1/2개
소금
후추
타임(선택사항)

〈 참치 믹스 〉
참치 1캔
토마토 1/2개
양파 1/4개
플레인 요거트 / 사워크림 2dl
마요네즈 2큰술
옥수수 80g
마늘 1쪽
소금
레몬주스 1큰술
후추

baked potato | 오븐 구이 감자

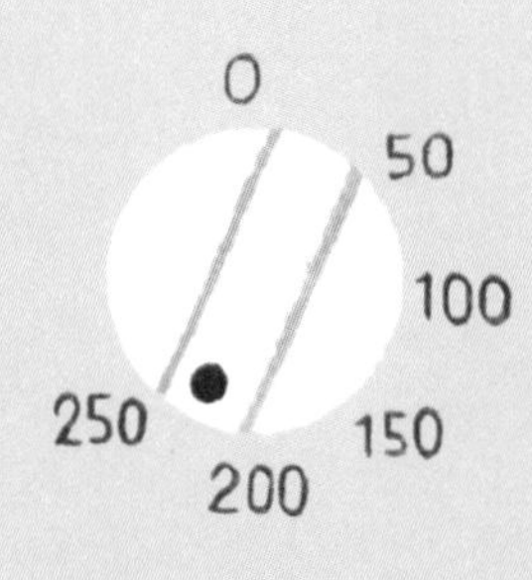

01 오븐을 225℃로 예열합니다.

02 감자를 물에 깨끗이 씻은 후,
감자가 오븐에서 구워지는 동안
갈라지지 않도록 포크로
구멍을 여러 곳에 뚫어주세요.

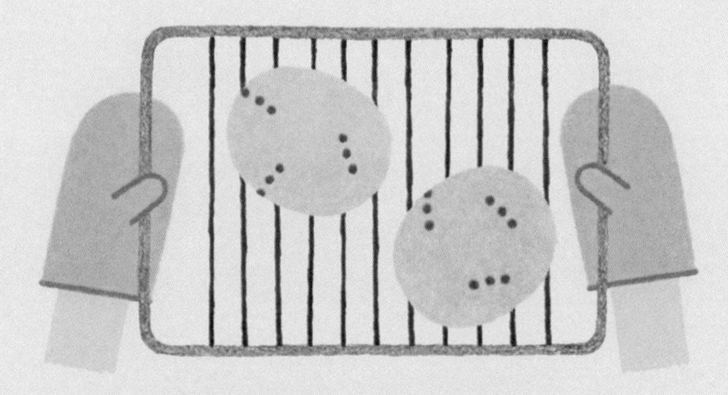

03 오븐에서 45~60분가량 굽습니다.
(전자레인지 사용 시 12~15분)
젓가락 등 뾰족한 도구로 감자를
찔러 속까지 잘 익었는지 확인합니다.

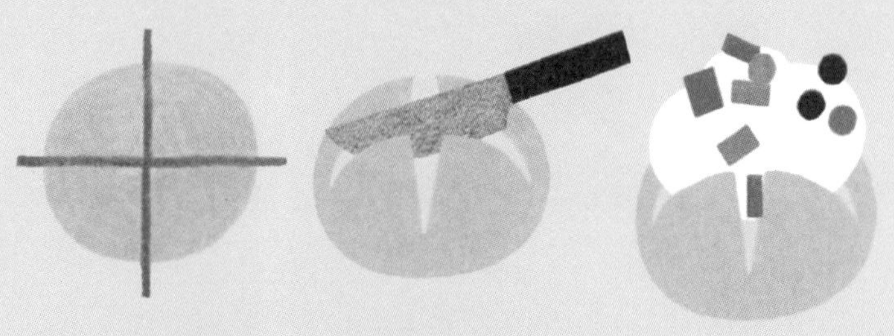

04 다 구워진 감자를 꺼내어 살짝 식힌 후,
칼로 감자 윗면에 십자가 모양으로
칼집을 내어 가운데 공간을 만들어주세요.
공간에 준비해둔 믹스를 채웁니다.
(화상에 주의하세요.)

◆DIRECTIONS◆

베이컨 믹스 | bacon mix

01 프라이팬에 타임과 베이컨을 바삭하게 구운 뒤 식힙니다.

02 식은 베이컨과 양파, 토마토를 잘게 썰고 마늘은 다져주세요.

03 볼에 담은 사워크림에 필라델피아 크림치즈와 잘게 다진 베이컨, 양파, 마늘을 넣고 소금 후추를 곁들여 잘 섞어주세요.

tuna mix | 참치 믹스

01 참치캔의 오일을 따라내고
포크로 잘게 다져주세요.

02 토마토, 양파를 잘게 썰고
마늘은 다져주세요.

03 볼에 담은 사워크림 혹은
요거트에 참치, 토마토, 양파,
다진 마늘, 옥수수를 넣고
레몬즙과 소금, 후추를 곁들여
잘 섞어주세요.

겨울 피크닉
[Vinterpicknick]

스웨덴으로 이주해온 뒤 가장 기억에 남는 경험을 꼽으라면 단연 '겨울 소풍'입니다. 들판이 푸르고 해가 쨍 뜬 날 가는 익숙한 피크닉이 아닌 한겨울, 대단히 추운 날 가는 피크닉은 아주 충격적이면서도 신선한 경험이었습니다. 간밤에 내린 눈으로 온 세상이 하얗게 변한 아침, 옷을 여러 겹 껴입고 집 근처 숲 호숫가로 갑니다. 가장 먼저, 집에서 챙겨간 장작을 패 모닥불을 피우고 숨이 죽을 때까지 기다립니다. 그 사이 보온병에 담아 간 가을에 직접 수확한 블루베리로 만든 따끈한 블루베리 수프를 마시며 시간을 보냅니다. 길고 뾰족한 나뭇가지 끝을 불에 그을린 다음 소시지를 끼워 숨이 죽은 모닥불 위에서 노릇노릇하게 구운 뒤 빵 사이에 끼워 핫도그를 만듭니다.

"눈을 뜨기가 힘들 만큼 온통 새하얗게 변한 풍경을 보고 있으면 마치 동화 속에 들어온 것 같다가도 그 속에서 너무나 현실적인 맛의 핫도그를 먹고 있으니 묘한 기분이 들어 웃음이 나기도 합니다."

VINTER
PICKNICK

SOLSTICKAN

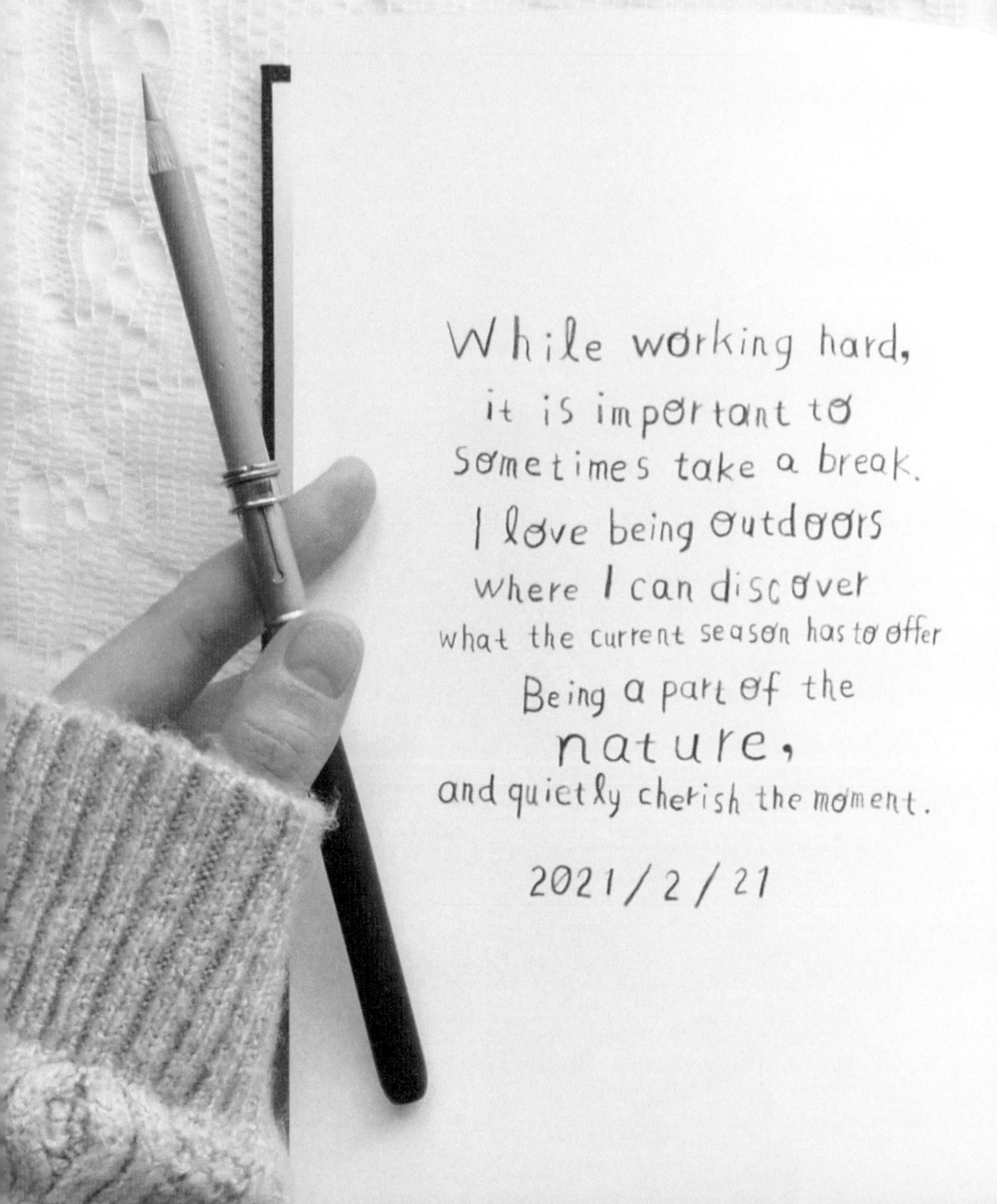
While working hard,
it is important to
sometimes take a break.
I love being outdoors
where I can discover
what the current season has to offer
Being a part of the
nature,
and quietly cherish the moment.
2021/2/21

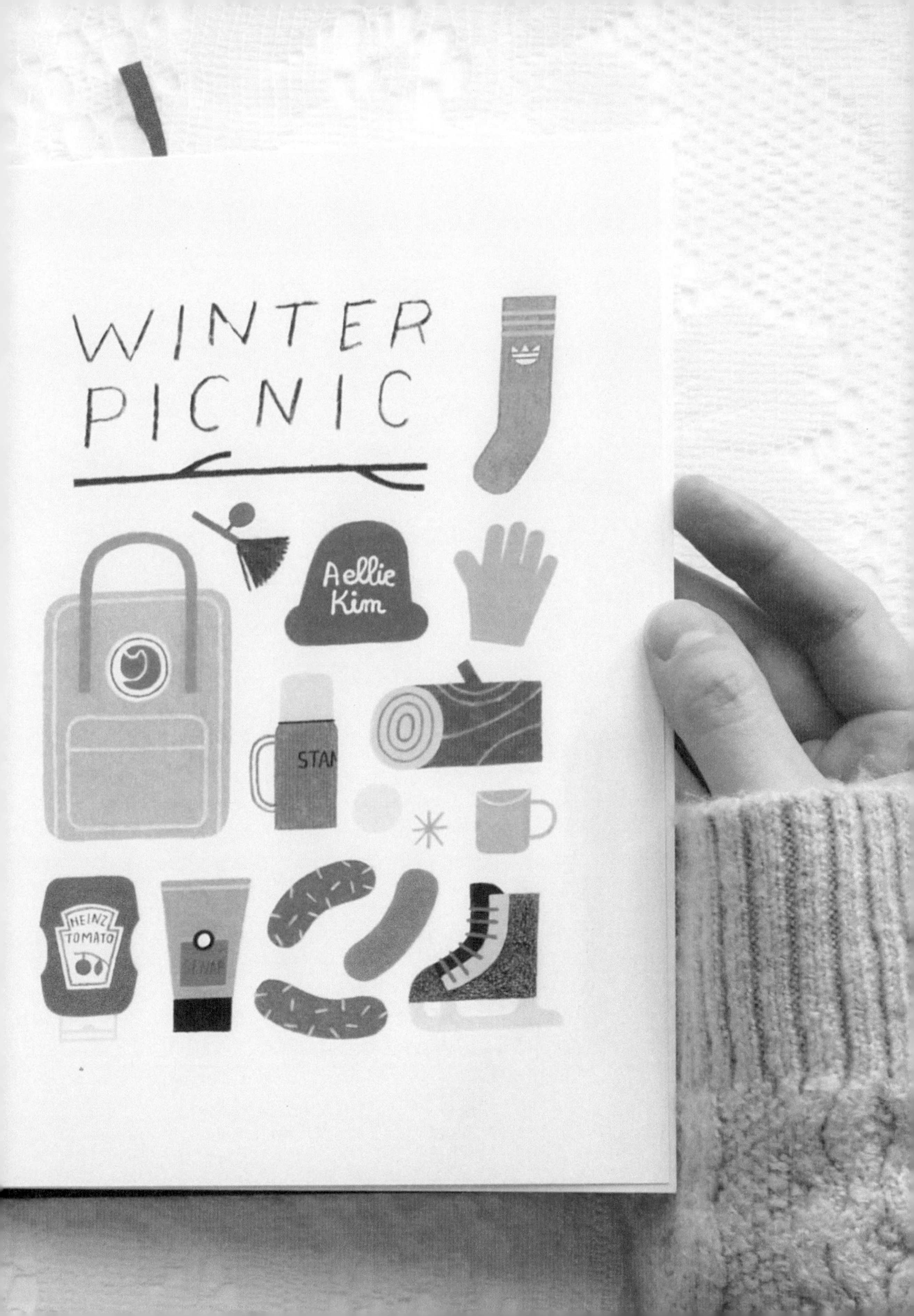

WINTER
PICNIC

Aellie
Kim

Regndag

| 비오는 날

매일, 아침과 오후에 한 번 엘리와 커피 혹은 차를 마시며 짧은 휴식을 취합니다.
스웨덴에서는 이 시간을 'Fika'라고 부르며, 이 Fika를 통해 일상의 활기를 얻고
사람들과 교류하는 시간을 갖습니다. Fika는 대부분의 스웨덴인이 집에서든 직장에서든
매일 행하고 있는 전통적인 생활 문화입니다. 집에서 엘리와 Fika를 할 때는 보통
커피나 차 한 잔으로 만족합니다. 그러다 가끔은 같은 동네에 사는 아버지와도 Fika를
함께 하곤 하는데, 아버지는 Fika 약속이 정해질 때마다 어김없이 커피와 함께 먹을
쿠키 혹은 시나몬롤이 있는지 묻습니다. 없다면 베이커리에 들른다면서요.
커피만으로 충분하지 않느냐라고 되물으면 아버지는 사뭇 진지한 말투로 답합니다.

"då är det ingen mening att fika"
(달달한 쿠키가 없으면, Fika는 의미가 없어)

다행히 냉동고에는 어머니의 레시피로 만든 시나몬롤이 항상 가득 채워져 있습니다.
오븐이나 전자레인지로 가열하면 다시 갓 구운 것과 같이 따뜻하게 즐길 수 있습니다.
보통은 커피나 차와 함께 먹지만, 우리는 차가운 우유 한 잔과 먹는 것을 좋아합니다.
스웨덴의 10월 4일은 '시나몬롤의 날'입니다. 함께 맛있는 시나몬롤을 구워볼까요?

#11

시나몬롤
Kanelbullar

충만한 Fika를 위한 달콤함 가득한 시나몬롤

◆INGREDIENTS◆

약20개 | 조리시간 120분

〈 도우 〉
버터 75g
우유 250g
드라이 이스트 7g
소금 1/4작은술
설탕 50g
밀가루 400g + 덧가루 40g
카다몬 시드 1작은술(선택사항)

〈 필링 〉
실온 버터 75g
설탕 50g
시나몬 6g

〈 토핑 〉
계란 1개
물 1작은술
우박 설탕

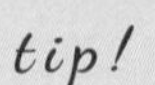

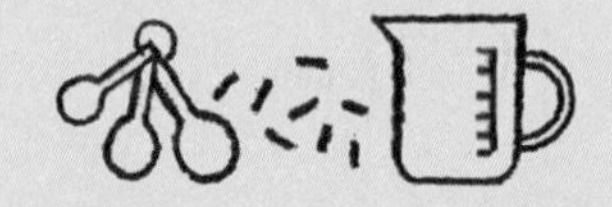

오븐에서 꺼낸 뒤 설탕 1dl와
물 1dl를 섞은 글레이즈를 발라주면
광택도 살고 더 오랫동안 맛있게
보관할 수 있어요.

01 반죽에 사용할 버터를 냄비에 넣고 약한 불에서 녹이다가 우유를 붓고 37~40℃(체온 정도)가 될 때까지 가열합니다.

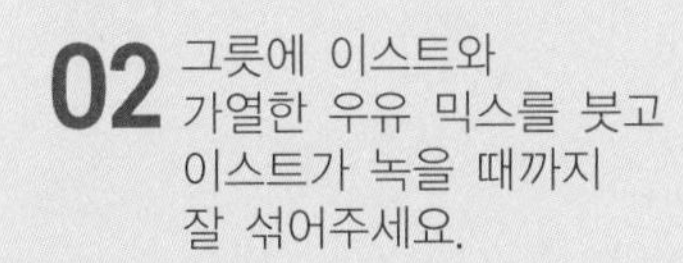

02 그릇에 이스트와 가열한 우유 믹스를 붓고 이스트가 녹을 때까지 잘 섞어주세요.

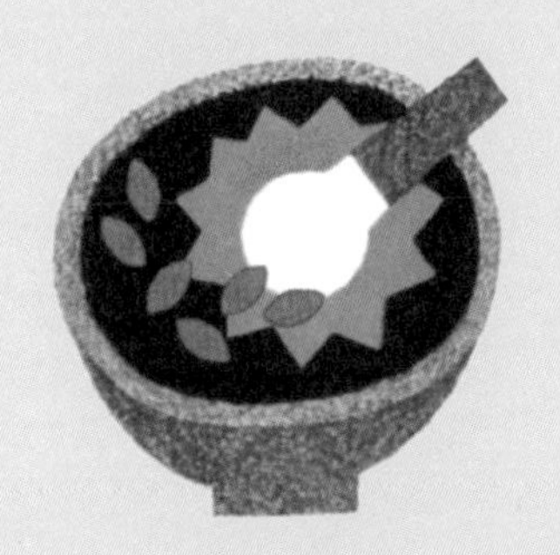

03 카다몬을 사발에 담고 잘게 빻아주세요.

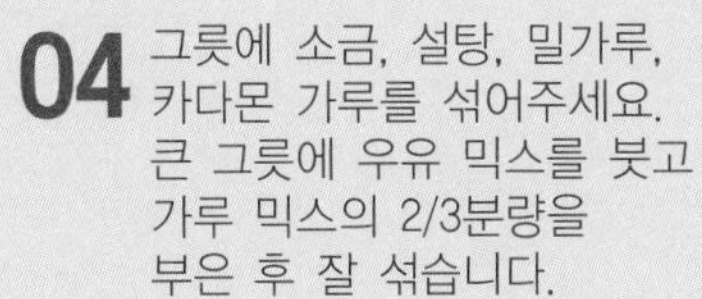

04 그릇에 소금, 설탕, 밀가루, 카다몬 가루를 섞어주세요. 큰 그릇에 우유 믹스를 붓고 가루 믹스의 2/3분량을 부은 후 잘 섞습니다.

◆DIRECTIONS◆

05 남은 가루 믹스를 넣고 반죽에 탄력이 생길 때까지 치댑니다. (기계로 약 10분, 손으로 15분가량) 살짝 찐득하면서 그릇 면에 달라붙지 않는 상태가 되면 완성입니다.

06 반죽이 마르지 않도록 밀가루를 살짝 뿌리고 거즈를 덮어 반죽이 두 배 크기로 부풀 때까지 발효시킵니다. (약 30분)

07 반죽이 발효될 동안 시나몬 필링을 만들어 주세요. 그릇에 버터, 설탕, 시나몬 가루를 함께 섞어 크림 제형으로 만듭니다.

08 발효가 완료되면 조리대에 덧가루를 뿌린 후, 반죽을 치대다가 밀대로 약 40X50cm의 직사각형 모양으로 펼쳐주세요.

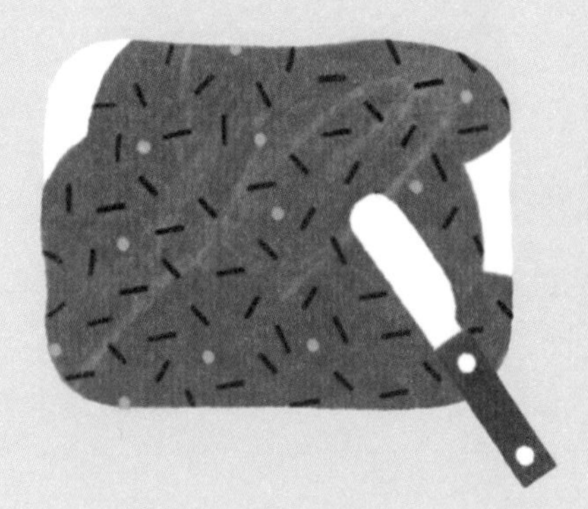

09 반죽 전체에 시나몬 필링을
골고루 펴 발라 주세요.

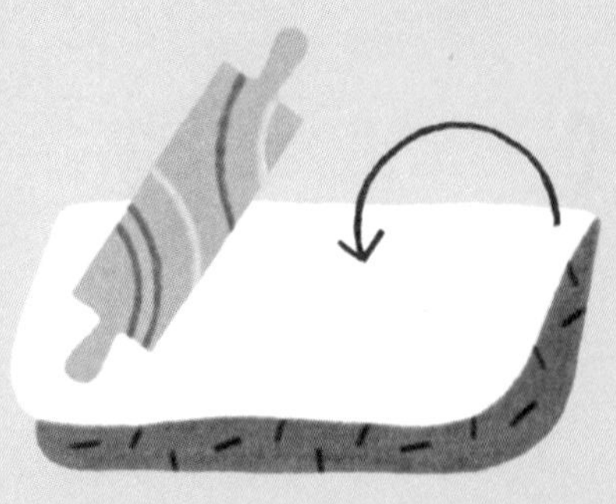

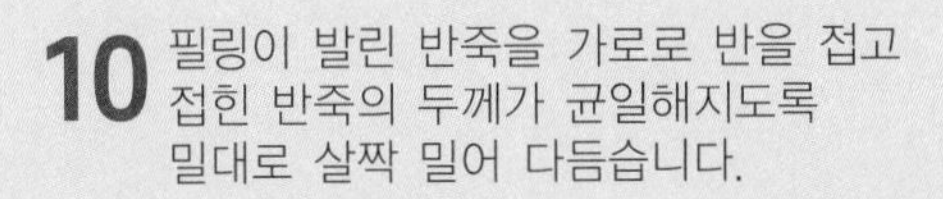

10 필링이 발린 반죽을 가로로 반을 접고
접힌 반죽의 두께가 균일해지도록
밀대로 살짝 밀어 다듬습니다.

11 접힌 반죽을 반으로 자르고,
두 조각이 된 반죽을 다시 반으로
잘라 총 4개의 조각으로 나눕니다.
그리고 각 부분을 삼 등분하여
총 20개의 얇은 직사각형
조각으로 만들어주세요.

12 각 조각의 가운데를 한 번 더
잘라주는데, 접히는 부분의
1cm 정도를 남기고 잘라서
길쭉한 바지 모양이
되도록 만들어주세요.

13 조각의 양쪽 끝을 손으로 잡은 상태에서 서로 다른 방향으로 비틀어 밧줄처럼 꼬아준 다음 매듭을 짓듯 동그란 모양으로 만들어주세요.

14 시트를 깐 오븐 팬에 시나몬롤을 옮기고 거즈를 덮은 상태로 20분간 2차 발효합니다.

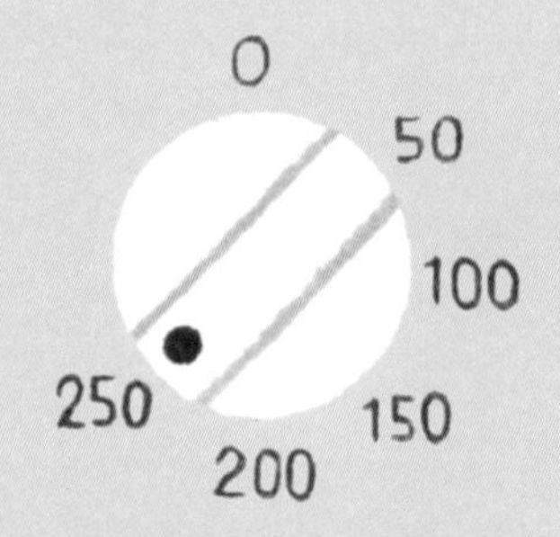

15 오븐을 상하가열 모드 250℃로 예열합니다. (컨벡션 모드 225℃)

16 달걀과 물을 잘 섞은 다음
각 시나몬롤에 꼼꼼히 솔질하고
우박 설탕을 뿌린 후 오븐
중앙에서 약 7~8분간 구워주세요.
중간중간 구움 색을 확인하여
겉면이 밝은 갈색이 되면
꺼냅니다.

17 구워진 시나몬롤을
다른 용기 등에 옮기기 전,
거즈를 덮은 상태로
완전히 식혀주세요.

한국에서 살던 때, 엘리가 감기에 걸리면 따뜻한 죽을 사다 주곤 하였습니다.
그때마다 편리한 죽 전문점이 스웨덴에도 있으면 좋겠다는 생각을 했습니다.
몸이 아프고 식욕이 없을 때는 한국의 죽과 같이 영양이 가득한,
따뜻하고 부드러운 음식을 먹는 것이 좋지만 아쉽게도 스웨덴에는 죽 전문점도,
죽이라는 음식도 없습니다. 엘리가 아플 때 먹을 수 있는 음식이 없을까
고민하다가 어렸을 적 감기에 걸리면 어머니가 여러 채소를 가득 넣어
푹 끓인 수프를 만들어주던 기억이 떠올랐고, 다행히 엘리도 이 야채수프를
맛있게 먹어주었습니다. 그렇게 야채수프는 우리 부부 중 누군가 몸 컨디션이
좋지 않을 때면 어김없이 식탁에 오르는, 가정식 보양 요리가 되었습니다.

#12

야채수프
Grönsakssoppa

따뜻하고 부드러운 가정식 보양 요리

◆INGREDIENTS◆

2~3인분 | 조리시간 20분

당근 100g
감자 250g
대파 80g
마늘 2쪽
물 1L
요리 스톡(야채 혹은 치킨) 2
타임 가루 1ml
파슬리 가루 1작은술
소금
후추

01 당근과 감자 껍질을 벗기고 강판에 갈아주세요.

02 파와 마늘을 얇게 썹니다.

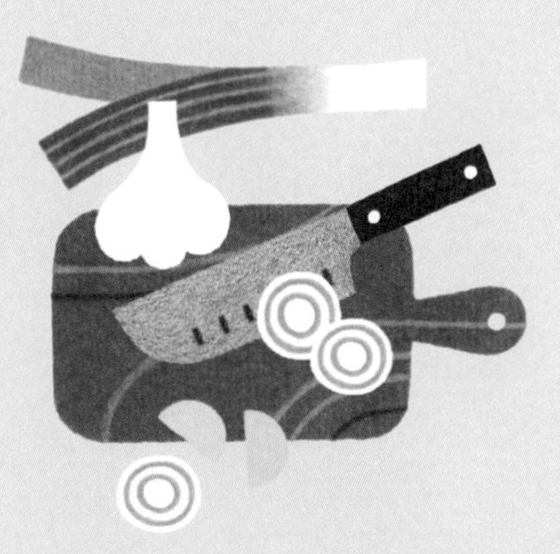

03 물을 스톡과 함께 끓여주세요.

04 손질해 둔 재료들과 타임 가루, 파슬리를 넣고 살짝 끓는 상태에서 10분간 끓입니다. 숟가락으로 중간중간 거품을 제거하고 소금과 후추로 간을 해주세요.

I MATAFFÄ

스웨덴에서 처음 슈퍼마켓에 갔을 때 처음 든 생각은 '인형 슈퍼마켓 같다!' 였습니다.

> "어렸을 적 가지고 놀았던 미미 인형의 물건들을 떠올리게 하는 알록달록한 색감의 예쁜 식료품 패키지가 가득했기 때문입니다. 그 후로 7년이 지난 지금도 슈퍼에 갈 때면 예쁜 색감의 패키지를 구경하는데 정신이 팔려 앞서 걸어가던 남편이 다시 찾으러 오는 일이 종종 생깁니다."

스웨덴의 슈퍼마켓에서 또 시선을 끌었던 것은 식재료의 가격이었습니다. 스웨덴은 물가 높기로 유명한 북유럽 국가 중 하나이기 때문에 당연히 식재료 물가도 비싸리라 생각했지만, 오히려 한국과 비슷하거나 심지어 더 저렴한 느낌마저 들었습니다. 특히 과일과 채소가 눈에 띄게 저렴하고 그중에서도 삼겹살은 스웨덴에서 가장 저렴한 육류 부위로, 한국보다 훨씬 저렴하게 구할 수 있습니다.

◆

◆ 스웨덴의 국민 캐비어 브랜드 'Kalles'의 귀여운 튜브 ◆◆ 얼핏 보면 치약 같은, 다양한 맛과 향의 짜 먹는 튜브 치즈가 한 벽면을 채우고 있습니다. ◆◆◆ 허브류는 화분째 판매되어 마치 작은 꽃집이 채소 코너 중간에 들어서 있는 것 같습니다.

(101p) ◆ 눈이 즐거운 예쁜 색감과 디자인의 다양한 패키지와 재활용 종이로 만든 친환경 패키지. ◆◆ 스웨덴의 슈퍼 입구 혹은 과일 매대 부근에는 항상 아이들에게 무료로 제공하는 과일 코너가 있어 장을 보다 보면 한 손에 바나나를 들고 여기저기 열심히 구경하고 있는 아이들을 만날 수 있습니다.

GRYN
Mannagryn
EKOLOGISKA HAVREGRYN
Fiber havre gryn
SALTÅ KVARN JÄRNA
24⁹⁵
FIBER HAVREGRYN
FIBER-HAVRE-GRYN

Gärdsby Ägg
12 EKOLOGISKA ÄGG

VARSÅGODA
ALLA BARN,
TA EN FRUKT!

스웨덴에서는 일반 슈퍼마켓이 아닌 곳에서도 식재료 구매가 가능합니다. 농작물이 수확되는 시기에는 지역 농가에서 작은 마켓을 열기도 해서 신선한 꿀과 치즈, 채소와 고기를 직접 구매할 수도 있고, 비용을 지불하고 농장에서 직접 과일과 채소를 수확하는 것도 가능합니다. 또 차를 타고 한적한 시골길을 달리다 보면 종종 길가에 세워진 작은 오두막을 발견할 수 있습니다. 이 오두막에는 근처 농가에서 재배된 식재료와 달걀 등이 채워져 있는데 따로 주인이 지키고 있지는 않습니다. 손님이 스스로 식재료를 고르고 작은 나무통에 돈을 넣고 오는 정겨운 시스템의 작은 슈퍼입니다.

GÅRDSBUTIK

바쁜 날

Upptagen
dag

어렸을 때부터 샌드위치를 정말 좋아했고 자주 먹었습니다.
가끔은 아침, 점심, 저녁, 하루 세끼 모두 샌드위치를
먹었을 정도였죠. 샌드위치는 그야말로 저의 소울 푸드였습니다.
샌드위치에 햄, 소시지 그리고 다양한 채소를 곁들여 먹는 것을
좋아하는데, 아쉽게도 생선을 제외한 모든 해산물에 알레르기가 있어서
스웨덴의 전통음식인 새우 샌드위치는 먹을 수가 없습니다.
대신 엘리가 해물을 먹고 싶어 할 때 이 새우 샌드위치를 만들곤 합니다.
오늘 점심은 간단하게 새우 샌드위치 어떨까요?

#13

새우 샌드위치
Räkmacka

스웨덴의 색다른 전통음식, 새우 가득한 오픈 샌드위치

◆INGREDIENTS◆

1인분 | 조리시간 20분

자숙 칵테일 새우(소) 100~125g
호밀 빵 1장
버터
레터스 1~2장
오이
달걀 1알
마요네즈 2큰술
레몬 1알
소금
후추
허브딜

01 달걀은 약 10분 동안 삶은 뒤
찬물로 헹구어 식힙니다.

02 그릇에 마요네즈 2큰술,
레몬즙 1티스푼, 소금과 후추를
약간 곁들여 섞어주세요.

03 빵에 버터를 넓게 펴
발라주세요.

04 레터스 1~2장을 물에 헹구고
물기를 제거한 뒤 빵 위에 올려
주세요. 삶은 달걀 슬라이스를
그 위에 넓게 깝니다.

05 얇게 썬 오이 슬라이스를 깔고
마요네즈 소스를 펴 바릅니다.

06 소스 위에 새우를 가득 올리고
허브 딜 가루와 얇게 썬
레몬 조각으로 장식합니다.

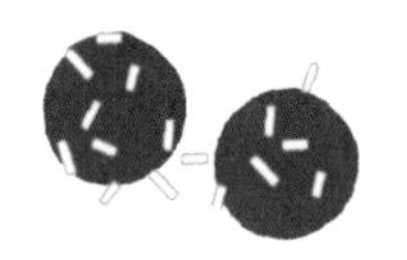

네다섯 살이던 저에게 어머니가 처음으로 만드는 법을 알려준 간식입니다.
어렸을 때는 앉은 자리에서 몇 개라도 먹을 수 있는 초코볼이었지만,
어른이 된 지금은 초코볼 한두 개를 곁들인 티타임을 즐깁니다.
오트밀이 가득 들어가는 초코볼은 달기만 한 초콜릿 간식보다는
영양가가 있습니다. 만드는 과정 또한 특별한 기술 없이 모든 재료를
섞는 것이 전부라 누구나 쉽고 간단하게 빠르게 만들 수 있습니다.

#14

초코볼
Chokladbollar

어린 시절의 추억이 담긴 영양 듬뿍 간식

◆INGREDIENTS◆

약 10개분 | 조리시간 15분

달걀 1알
오트밀 3dl
카카오 4큰술
커피 2큰술
버터 2큰술
설탕 1dl
바닐라슈거 1작은술

〈 토핑 〉
코코넛 분말

tip!

커피 대신 생크림 혹은
우유, 물을 사용해도 좋습니다.

01 모든 재료를 믹스 볼에서 잘 섞어주세요.

02 섞은 재료를 두 손바닥 사이에서 동글동글 굴려 작은 공 모양을 만들어주세요.

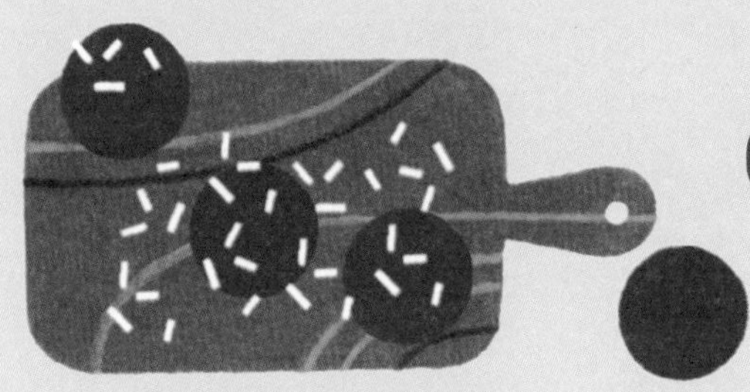

03 코코넛 분말을 접시 위에 붓고 그 위에 초코 공을 굴립니다.

04 냉장고에서 차갑게 만든 뒤 먹습니다.

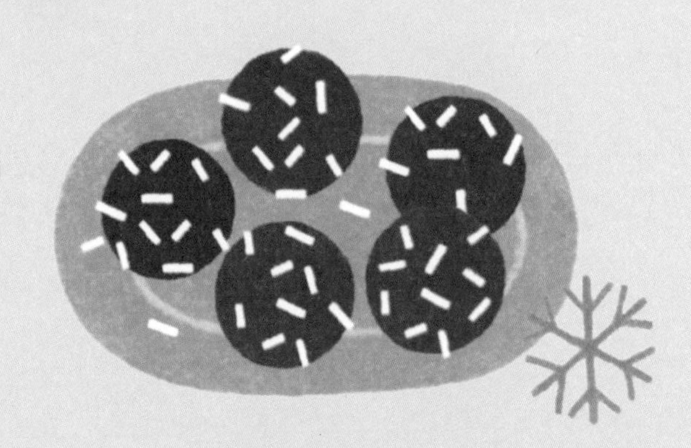

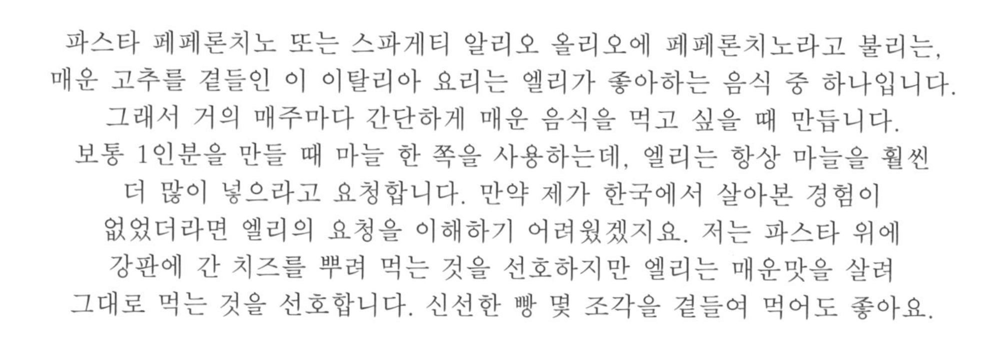

파스타 페페론치노 또는 스파게티 알리오 올리오에 페페론치노라고 불리는,
매운 고추를 곁들인 이 이탈리아 요리는 엘리가 좋아하는 음식 중 하나입니다.
그래서 거의 매주마다 간단하게 매운 음식을 먹고 싶을 때 만듭니다.
보통 1인분을 만들 때 마늘 한 쪽을 사용하는데, 엘리는 항상 마늘을 훨씬
더 많이 넣으라고 요청합니다. 만약 제가 한국에서 살아본 경험이
없었더라면 엘리의 요청을 이해하기 어려웠겠지요. 저는 파스타 위에
강판에 간 치즈를 뿌려 먹는 것을 선호하지만 엘리는 매운맛을 살려
그대로 먹는 것을 선호합니다. 신선한 빵 몇 조각을 곁들여 먹어도 좋아요.

#15

페페론치노
Spaghetti peperoncino

다양한 취향으로 즐길 수 있는 매콤함이 매력적인 파스타

◆INGREDIENTS◆

2인분 | 조리시간 15분

스파게티 면 200g
올리브오일 0.5dl
말린 페페론치노 2개
마늘 2쪽
파슬리 가루 1큰술
소금

〈 토핑 〉
파르메산 혹은 페코리노 치즈

01 물 1.5L에 소금 1큰술을 넣어 끓입니다.

물이 끓으면 파스타를 넣어 삶아주세요.

02 팬에 올리브오일을 두르고 중불에서 가열합니다.

03 마늘을 2mm 굵기로 편 썰고 말린 페페론치노는 잘게 썰어주세요. 가열된 오일에 재료들을 넣고 2~3분 정도 마늘이 부드러워질 때까지 익힌 뒤 약불로 낮춰 살짝 식힙니다. (마늘이 타지 않도록 주의하세요.)

◆DIRECTIONS◆

페페론치노 | peperoncino

04 숟가락으로 면수 5~6술을 덜어
오일과 잘 섞어주세요.
반드시 오일이 살짝 식었을 때
물을 섞어주세요.

05 스파게티 면은 패키지에
적혀있는 적정 조리 시간보다
1~2분 더 일찍 면을 건져 냅니다.
즉 'al dente(알덴테)' 상태가
될 때까지만 삶아주세요.

06 물기를 제거한 스파게티 면을
오일 팬에 붓고
파슬리 가루를 뿌려 잘 섞어준 뒤
1~2분 정도 더 익혀주세요.
필요에 따라 소금으로 간을 합니다.

En vacker dag

스웨덴을 포함한 유럽 국가에서는 유제품이 오랫동안 생산되었습니다. 그중에서도 치즈는 이곳의 음식 문화에서 차지하는 비중이 굉장히 높습니다. 그래서 스웨덴에는 다양한 요리와 상황에 사용되는 수많은 종류의 치즈가 즐비합니다. 크고 작은 크기의 치즈, 딱딱한 것과 부드러운 것, 신선하고 오래된 것, 그리고 그 사이에 있는 모든 것. 프레시 치즈, 통조림 치즈, 튜브 및 커스텀 주문 형태의 치즈가 있습니다.

슈퍼에는 스웨덴과 여러 유럽 국가의 치즈가 갖춰진 대형 치즈 카운터가 꼭 있습니다. 스웨덴 사람들은 이곳에서 치즈를 구매해 매일 아침, 때로는 저녁에도 샌드위치에 치즈를 올려 먹습니다. 다양한 요리에도 사용하고 와인 한 잔과 함께 디저트로 즐기기도 합니다. 한국에 김치가 있다면 스웨덴에는 치즈가 있다고 말할 수 있을 것 같습니다. 한국 사람들이 김치 없는 삶을 상상할 수 없는 것과 같은 셈이지요.

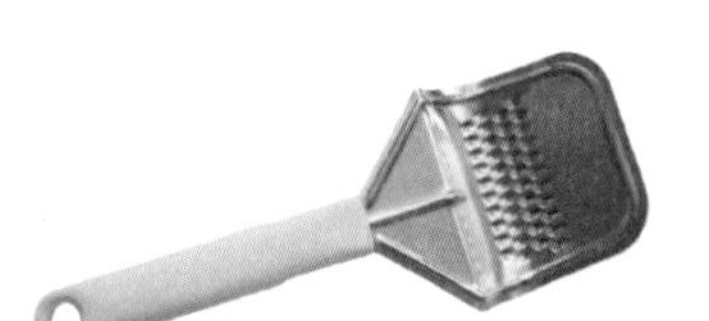

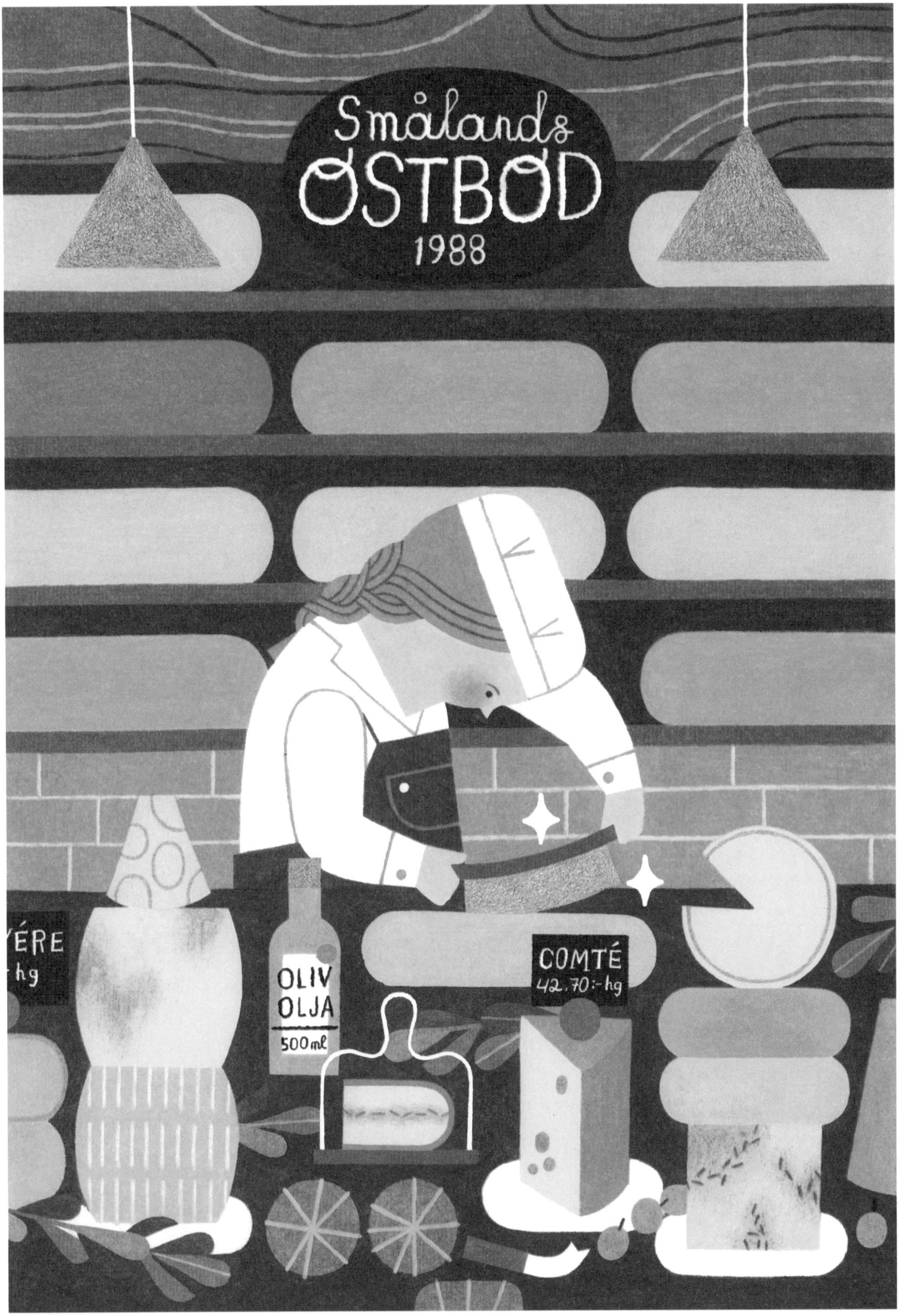

Smålands
ØSTBØD
1988
OLIV
OLJA
500ml
COMTÉ
42,70:-hg

금요일

Fredag
Helgdag

어린 시절 가족들과 휴가를 떠난 남유럽 발칸반도의 추억이 가득 담긴 음식입니다.
저는 편식이 심한 아이였는데, 체밥치치는 스웨덴의 미트볼과 비슷하단 생각에
휴가 내내 안심하고 먹었던 기억이 납니다. 제가 체밥치치를 먹고 미트볼을 떠올렸던
것처럼, 엘리 또한 체밥치치를 처음 먹은 날, 한국의 음식을 떠올렸습니다.

"맛있어! 꼭 떡갈비 같아!"하고요.

#16

체밥치치
Cevapcici & Ajvar

발칸반도의 추억 가득한 미트볼과 떡갈비의 친구

◆INGREDIENTS◆

2인분 | 조리시간 60분

다진고기 500g
마늘 2~3쪽
베이킹파우더 1작은술
물 3큰술
소금 1작은술
후추 0.5작은술
파프리카 분말 2작은술
삼발올렉 1작은술

〈 아이바 소스 〉
붉은 피망 2개
가지 1개
올리브오일 2큰술
마늘 1쪽
식초 1.5작은술
소금
후추

tip!

토마토, 양파, 피타 브래드,
조각 감자를 곁들여 먹으면
더욱 맛있어요.

cevapcici | 체밥치치

01 큰 볼에 베이킹파우더와 물을
잘 섞어준 뒤 모든 재료를
함께 섞어주세요.

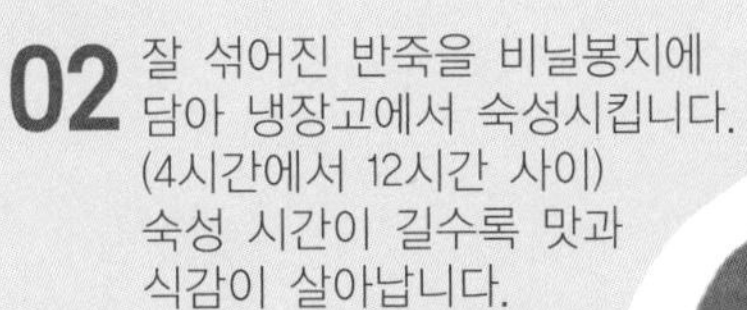

02 잘 섞어진 반죽을 비닐봉지에
담아 냉장고에서 숙성시킵니다.
(4시간에서 12시간 사이)
숙성 시간이 길수록 맛과
식감이 살아납니다.

03 고기 반죽을 살짝
길쭉한 타원형 모양으로
만들어주세요.
(대략 3 x 6cm)

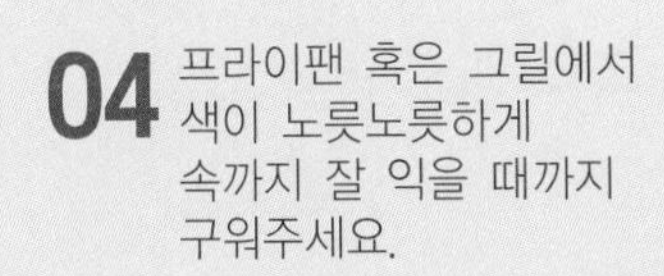

04 프라이팬 혹은 그릴에서
색이 노릇노릇하게
속까지 잘 익을 때까지
구워주세요.

◆DIRECTIONS◆

아이바소스 | ajvar

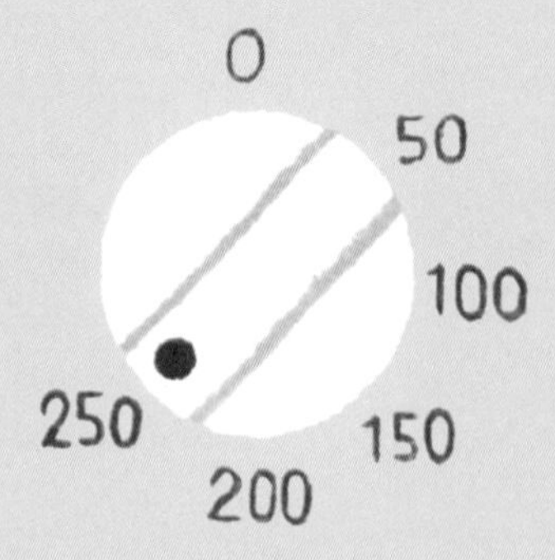

01 오븐을 250℃로 예열합니다.

02 가지를 세로로 반을 잘라 시트를 깐 오븐 팬에 잘린 면이 아래를 향하도록 놓아주세요.

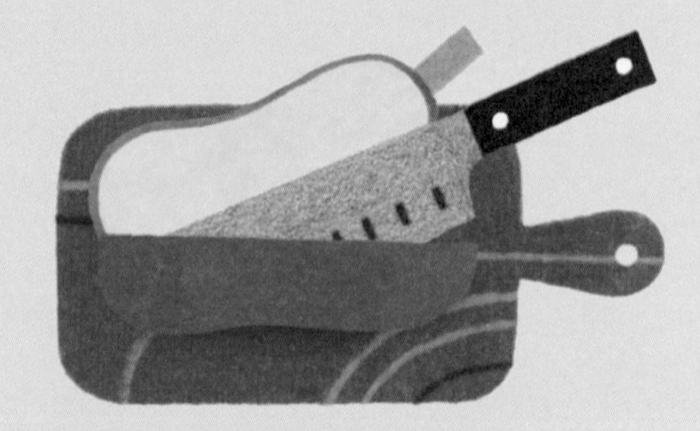

03 파프리카를 반으로 자르고 씨를 제거합니다.

04 파프리카도 시트 위에
잘린 면이 아래를 향하게 놓고
오일로 붓질한 뒤 오븐에서
10분간 구워주세요.

05 팬을 오븐에서 꺼내어
숟가락으로 가지 속을 파내고
파프리카는 껍질을 벗겨냅니다.
(화상에 주의하세요)

06 가지와 파프리카, 마늘을
믹서기로 갈아 소스 제형으로
만들어주세요. 소금과 후추로
간을 합니다.

집에서 차로 10분 거리의 가까운 곳, 아늑한 마당이 딸린 아버지의 집이 있습니다. 종종 티타임을 가지거나 주말을 보내러 가곤 하는데, 특히 햇빛이 좋은 여름날에는 어김없이 아버지의 창고에서 그릴을 꺼내 마당에서 고기를 구워 먹곤 합니다. 아버지는 모든 음식을 가리지 않고 잘 먹지만, 전형적인 스웨덴 사람답게 고기와 감자요리를 선호합니다. 보통은 고기 요리에 소스를 곁들이지만, 감자그라탱을 함께 먹을 때는 그라탱이 소스를 대신하기도 하고 갓 구워진 고기에 올려진 마늘 버터가 녹으면서 소스 역할을 해줍니다. 고기의 무거운 느낌을 덜어주면서 맛의 전환을 가미해 줄 샐러드도 함께 준비합니다. 특히 아스파라거스 베이컨말이는 숯불에 구우면 더욱 풍미가 살아나며 입맛을 돋웁니다. 캠핑 혹은 야외에서 꼭 만들어보세요.

#17

감자그라탱과 스테이크, 아스파라거스 베이컨말이

potatisgratäng med stek,
baconinlindad sparris och vitlökssmör

캠핑 혹은 야외에서 맛있게 즐길 수 있는 별미

◆INGREDIENTS◆

2인분 | 조리시간 90분

〈 감자그라탱 〉
감자 500g
양파 반쪽
마늘 2쪽
생크림 1.5dl
우유 1.5dl
소금 0.5~1작은술
후추 1ml

〈 아스파라거스 베이컨말이 〉
아스파라거스 8개
얇은 베이컨 4장
후추
식용유

〈 스테이크 〉
립아이 스테이크 2짝
오일
버터
소금
후추

〈 스테이크용 마늘 버터 〉
버터 20g
마늘 1쪽
말린 파슬리 가루

potato gratin | 감자그라탱

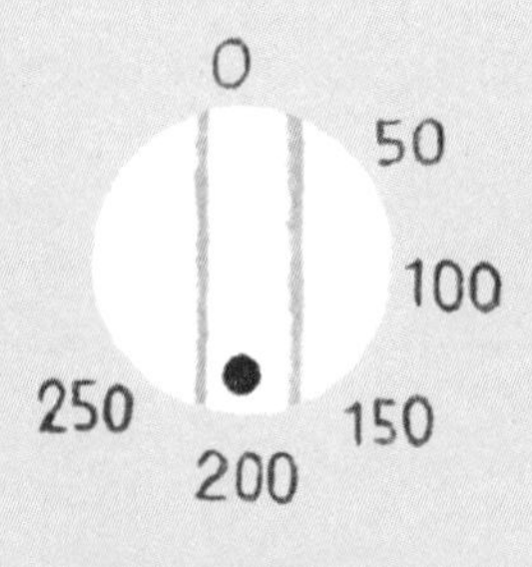

01 오븐을 200℃로 예열합니다.

02 감자 껍질을 벗기고 얇게 자릅니다. 전분을 보호하기 위해 헹구지 않습니다.

03 양파를 감자와 같이 얇게 썰고 마늘은 잘게 다지거나 빻아주세요.

04 크림과 우유를 냄비에 붓고 끓이다가 감자, 양파, 마늘을 넣고 소금과 후추로 간을 합니다. 끓이는 동안 냄비 바닥이 타지 않도록 계속 저어주세요. 감자의 전분이 녹아 소스가 걸쭉한 크림 제형이 될 때까지 끓입니다. (약 10분)

05 걸쭉해진 그라탱 재료들을 오븐용 대접에 붓고 감자가 부드럽고 노릇노릇한 색이 될 때까지 오븐에서 30~40분 동안 구워주세요.

◆DIRECTIONS◆

마늘 버터와 스테이크 | garlic butter & steak

01 먼저 마늘 버터를 만듭니다.
작은 그릇에 버터와 빻은 마늘
한쪽을 포크로 잘 섞어준 뒤
말린 파슬리를 뿌리고 더 섞어주세요.
냉장고에 넣어 차갑게 식힐 동안
다른 요리를 준비합니다.

02 조리하기 30분 전에
냉장고에서 고기를 꺼내두세요.

03 고기를 굽기 전에 키친 페이퍼로
고기의 수분을 제거한 다음
소금과 후추를 뿌려주세요.

04 프라이팬에 버터와 함께
약간의 기름을 넣고 팬이
뜨거워질 때까지 기다립니다.

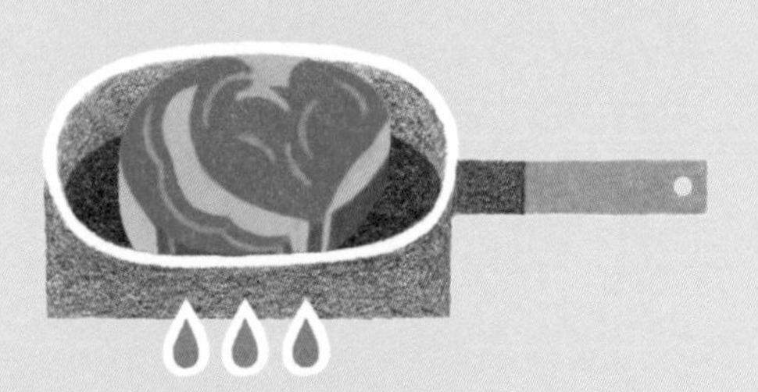

05 고기 양면을 2~3분 동안
센 불로 구워주세요. 고기가
다 구워지면 불을 끄고 프라이팬을
열기가 없는 곳으로 옮겨
5분 동안 잠시 그대로 둡니다.

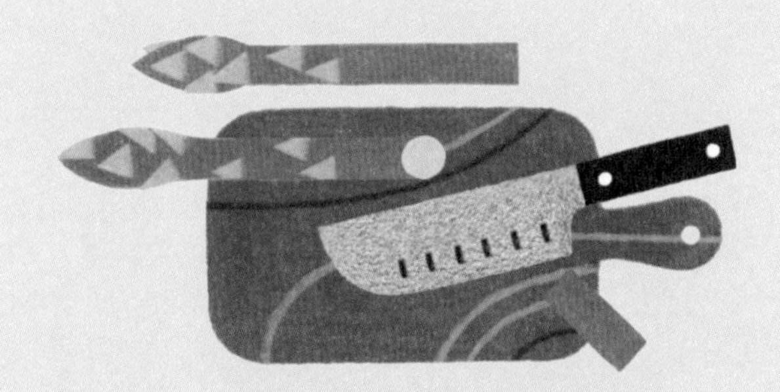

01 아스파라거스의 딱딱한 끝부분을 잘라내고 두 개씩 짝을 지어주세요.

02 아스파라거스 2개에 베이컨 1장을 말아주세요.

03 굽기 전 약간의 기름과 후추를 전체적으로 발라주세요.

04 베이컨이 살짝 갈색으로 변할 때까지 프라이팬에 중불로 볶습니다.

매주 금요일에는 평소보다 조금 일찍 하루를 마무리하려 애씁니다.
일과를 마치고 가장 먼저 하는 일은 단연 엘리와 드링크를 만드는 것입니다.
주말이 시작되는 금요일, 긴장을 풀고 휴식을 취하며 정성껏 만든 드링크와
음식으로 시간을 보내는 것은 엘리와 저에게 일주일 중 가장 기다려지는 시간입니다.
이곳은 작은 시골 마을이라 레스토랑과 바와 같이 음식과 드링크를 즐길 수
있는 곳이 한두 곳밖에 없는데, 그마저도 일찍 문을 닫습니다.
그래서 전형적인 스웨덴 가정답게, 집에 머물면서 우리만의 금요일 디너를
즐깁니다. 가끔은 가족, 친구들과 또는 단둘이서요.

#18

모스코 뮬
Moscow mule

주말의 시작을 skål[건배]!

◆INGREDIENTS◆

1인분 | 조리시간 5분

보드카 4cl
라임 주스 2cl
진저비어 혹은 진저에일 12cl
얼음
라임
민트 잎

moscow mule | 모스코 뮬

01 잔에 얼음 조각을 넣고
보드카를 부어주세요.

02 라임을 반으로 자른 후
컵 장식용으로 사용할
얇은 슬라이스를
한 번 더 썰어주세요.

03 라임 주스를 짜내고
진저비어 혹은
진저에일을 부어주세요.
진저비어는 살짝 쓴맛이,
진저에일은 조금 더
부드러운 맛이 납니다.

04 잘 섞어준 뒤
얇게 자른 라임과
민트 잎으로
장식합니다.

엘리는 누구보다 밥을 사랑합니다. 하지만 스웨덴으로 이주해온 뒤로 한국에 살았을 때에 비해 밥을 자주 해 먹지 않게 되었고, 밥을 대신해 파스타, 감자, 채소 그리고 빵을 자주 먹게 되었지요. 유럽권 요리 중에도 쌀을 사용한 요리가 있습니다. 바로 리소토입니다. 엘리에게는 굉장히 반가운 요리가 아닐 수 없습니다. 주말이면 종종 오븐에 구운 연어와 함께 먹곤 합니다. 연어는 리소토와도 맛이 잘 어우러지고 만드는 과정도 굉장히 간단합니다. 오븐에 넣었다가, 리소토가 완성되면 오븐에서 꺼내기만 하면 되니까요. 아주 맛있고 영양가 있으며, 무엇보다 간단합니다!

#19

리소토와 연어 오븐구이

Risotto med ugnsbakad lax

유럽권에서 먹어볼 수 있는 맛있는 쌀 요리

◆INGREDIENTS◆

2인분 | 조리시간 50분

아보리오 라이스 4dl
치킨 스톡 13dl
올리브오일 2큰술
바나나 샬럿 2알
마늘 2쪽
드라이 화이트 와인 1.5dl
그라나 파다노 간 치즈 2dl
버터 1큰술
소금
후추
잔파 혹은 파슬리

〈 연어 〉
연어 260g
오일 2큰술
소금
후추

01 냄비에 치킨 스톡과 물을 넣고 서서히 끓입니다.

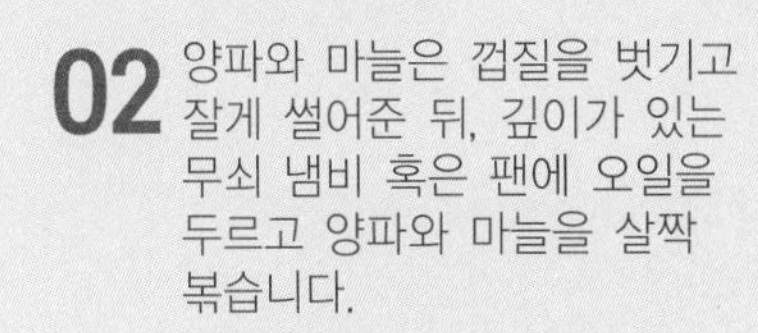

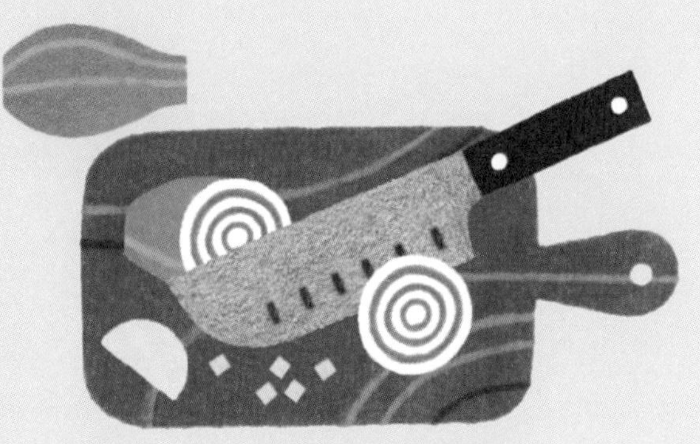

02 양파와 마늘은 껍질을 벗기고 잘게 썰어준 뒤, 깊이가 있는 무쇠 냄비 혹은 팬에 오일을 두르고 양파와 마늘을 살짝 볶습니다.

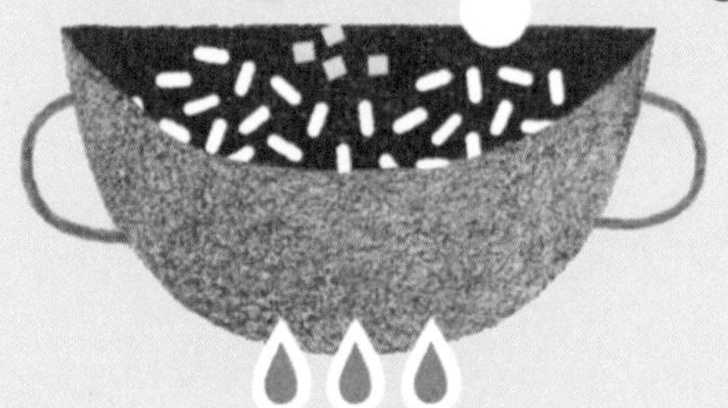

03 불을 높이고 쌀을 넣어 윤기가 돌 때까지 살짝 볶다가 와인을 부어 함께 끓여줍니다.

04 불을 낮추고 3~4dl의 치킨 육수를 붓고 천천히 끓이면서 중간중간 저어주세요. 육수가 쌀에 흡수되어 자작해지면 육수를 조금씩 더해가며 계속 끓입니다. 20~30분쯤 끓였을 때 쌀알을 먹어보고 쌀이 너무 익지 않고 살짝 씹히는 맛이 느껴지면 완성입니다.

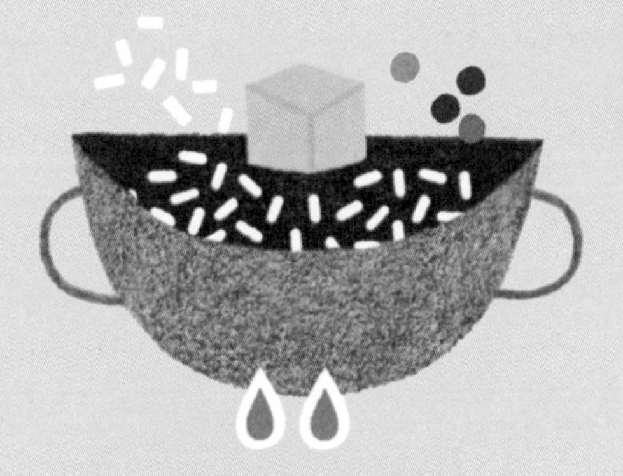

05 버터와 간 치즈를 넣고 잘 섞어주세요. 리소토는 하나의 크림 덩어리가 아닌 쌀 한 알 한 알 살짝 씹히는 맛이 느껴져야 합니다.
만약 쌀을 조금 더 익히고 싶다면 남은 육수를 더 부어 끓여주세요. 소금과 후추로 간을 맞추고 마지막에 잔파 혹은 파슬리를 뿌립니다.

oven baked salmon | 연어 오븐구이

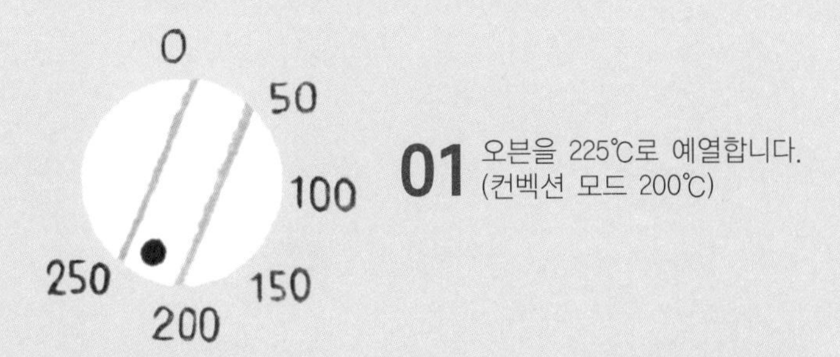

01 오븐을 225℃로 예열합니다.
(컨벡션 모드 200℃)

02 연어를 두 조각으로 나눠준 뒤
물에 잘 씻은 후 키친 페이퍼로
물기를 제거합니다.

03 오븐용 용기에 오일을
잘 펴 바른 뒤, 연어 껍질이
아래를 향하도록 놓고
오일을 잘 펴 발라주세요.

04 소금과 후추로 간을 하고
오븐 중앙에서 20~25분간 구워주세요.

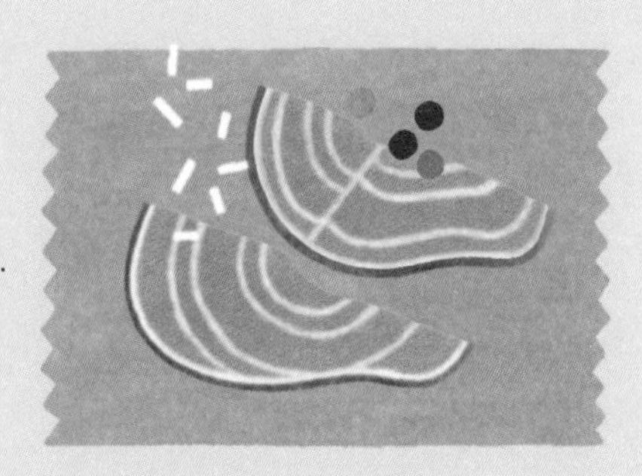

부활절 식탁
[påskbord]

스웨덴의 대표적인 큰 명절로는 부활절, 미드서머 그리고 크리스마스가 있습니다. 대부분 명절에는 가족이나 친구들과 집에서 느긋하게 시간을 보냅니다. 함께 명절을 보내는 사람들은 다를지라도, 함께 먹는 명절 음식은 늘 같습니다.

◆ 60년대에 부모님이 친척들과 함께 부활절을 보내고 있는 풍경

◆ 부활절의 전통 일과, 조카와 함께 꾸민 부활절 계란

안초비가 들어간 감자그라탱, 연어와 구운 소시지, 미트볼, 캐비어와 마요네즈를 곁들인 삶은 달걀, 치즈, 그리고 스웨덴 명절에 절대 빠질 수 없는 '청어 절임'이 있습니다. 청어는 머스터드, 링곤베리와 라임 등 다양한 종류의 소스에 절인 형태로 슈퍼에서 병째로 구매할 수 있고, 물론 집에서 직접 만드는 사람들도 있습니다. 그리고 음식을 먹는 중간중간 아주 작은 잔에 '스납스'라는 소주와 비슷하지만, 도수가 높은 술을 마시기도 하고, 아이들이 있는 집이라면 명절 전통 노래를 함께 부르기도 합니다.

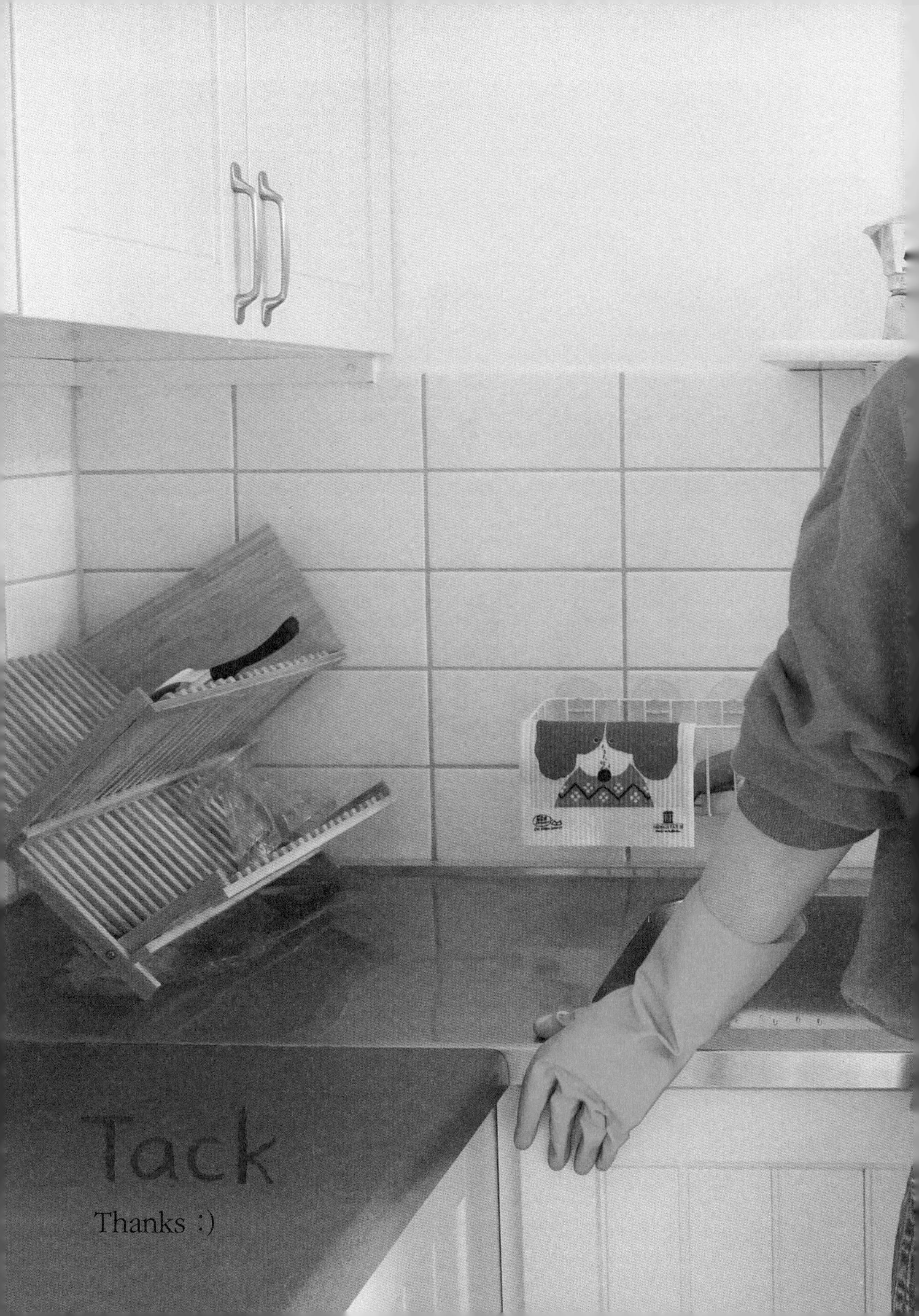
Tack
Thanks :)

Melitta
INSPIRE
Electrolux

엘리의 테이블
bord för Aellie

초판1쇄 인쇄 2021년 09월 17일
초판1쇄 발행 2021년 10월 05일

지은이 엘리, 헨케
펴낸이 최병윤
편집자 이우경
펴낸곳 리얼북스
출판등록 2013년 7월 24일 제2020-000041호
주소 서울시 서대문구 증가로30길 29-2, 1층
전화 02-334-4045 팩스 02-334-4046

종이 일문지업
인쇄 수이북스

ISBN 979-11-91553-19-2 17590
ISBN 979-11-91553-20-8 14590 (세트)
가격 15,000원